カラス博士と学生たちのどうぶつ研究奮闘記

農学部解剖学研究室の悲喜こもごも

杉田昭栄
宇都宮大学名誉教授

緑書房

はじめに

今、医学の世界をはじめとして生命科学が注目を浴びている。昨年は、本庶佑氏が免疫機能研究でノーベル医学生理学賞に輝いた。生命科学とは、生き物である人間にとってはわが身の明日を占い、命のルーツを解き明かす学問である。多くの人が生命の営みや神秘に想いを寄せるが、その想いを日常感覚で考えられる学問の一つに解剖学がある。本書は、その解剖学をとおして動物たちの生命を知るための泥臭い挑戦の物語である。だから、内容は医学部のように人の死と結びつく重厚なイメージとはまったく異なり、動物の行動や身体機能の解明に向き合う農学部解剖学研究室（解剖という言葉の印象はよくないようで、今は医学部までも「高次機能形態学」あるいは「機能形態」など、解剖の名称を表に出していない場合が多いのだが）の学生と教員の明るく、ユーモラスな日常の記録である。それだけに、いろんな動物と出会うことができるので、動物好きの方は登場動物の知られざる世界を覗き、知的欲求が満たされることと思う。出会う動物は一二種、小さな動物園になる。解剖学研究室だから、それら動物の非日常に遭遇することもある。また、登場する実験や苦労話は、動物を知るための科学の疑似体験ができるように臨場感を再現しているつもりなので、ぜひ楽しんでいただきたい。

ところで、最近のことだが、一〇〇年もの間謎とされてきた、関節を折り曲げる際に鳴る「ポキッ」という音のしくみが解かれたという。本書を手にとった方も、指を引き曲げたり、首を左右に折り曲げたりしたときに「ポキポキ」と音を鳴らして、なんだか気分が「ヤルゾ！」となったりしながらも、なぜ音が出るのかについて疑問に思った経験をもつ方は少ないのではないかと思う。そういう私も、あまりにも身近で普通すぎるその現象のメカニズムなんて、考えもしなかった。まあ、茹でられたエビがなぜ赤くなるかを考えないレベルなのかもしれない。

もちろん、この謎は宇宙物理でもなく先端医療の難解な課題でもない、日常レベルの疑問である。答えがわからなくても痛くもかゆくもないし、ノーベル賞のような偉大な賞とはほど遠いが、日常の「なぜ？」が最大の科学の母となる一例である。そしてその答えがなんと、関節を折り曲げることで関節液が圧縮されて泡ができ、それがはじける音だとか。その研究のはじまりは、フランスのとある研究所で学生が研究テーマに困って教授に相談しているとき、学生が指をポキポキ鳴らしていたのを見て、教授は「これだ！」と思ったらしい。オー、なんとも素直な目先の知りたい科学だ！　ポキポキに乾杯！

そうなのだ。「ポキポキへの疑問」に火がつくように、大学での研究室の知のエネルギーは学生のこだわりがない素直な疑問と、その芽を育てる教員の連携プレーから生まれる。互いによき出会いとするために、学生も教員も気持ちの高揚感が大事である。その共通点は、どんな分野でも「知の探究」をし、それをお皿に盛って食べつくす楽しい時間を共有することである。研究室運営の最も大切なポイントでもある。本書に登場する数々の物語は、そんな学生と教員、そして動物とが繰りなす共演である。噛まれたり、かわいそうで泣いたり、血の海や汚い現場にも果敢に向き合ったりと、大騒ぎの研究室の話である。理系研究室で同じ釜の飯を食いながら、夜を日に継いで若いエネルギーを燃焼する青春劇も登場する。学生同士の暮らし模様など、分野を越えて共感できる要素も盛りこんでいる。もし、読者に中学生や高校生がいたら、大学の研究室のおもしろさを感じてもらいたいとも考えた。本書に描かれたドラマは、植物分野、化学分野など、理系の研究室ならどこの大学でも繰り広げられているはずである。これから大学を目指すきみは自分の将来像にあわせて道を探し、その途中でよき研究室のドアをたたいてほしい。一方、学生生活をとっくに終えたという方は、動物とのハプニングにあけくれる奇妙な騒ぎを覗き見る楽しさで読んでいただければと願う。

二〇一九年二月

著者

目次

コラム

センセイ！　犯人はカラスです！

～空からの黒装束の侵入者～

この出来事は、私とカラスとの付き合いがはじまるきっかけになった事件であり、四〇歳半ばにして私の研究内容を大きく変えた出来事である。ある意味では研究室の行動力がかなりアップしたので、八咫烏(やたがらす)に出会ったと言っても過言ではない。第一話の副題を「八咫烏との出会い」としてもよいくらいである。中国から伝わってきた三足烏(さんぞくう)は、太陽から出てきたという伝承をもち吉兆をもたらすことから、いつのまにか神武天皇の行軍を助けた八咫烏となったのである。そう、カラスの研究をはじめてから、なぜか公的な研究費の採択や企業との共同研究が多くなったのである。これを考えると、やはりカラスが福をもちこんだといってもよいと考えている。しかし、この神の使いは正直なところ悪魔に近い存在として登場したのだった。

事件が起きた当時、私は、ニワトリを使って「光と体」という大テーマで研究していた。そもそも、「光と体」という大テーマが漠然(ばくぜん)としているため、読者のみなさんにはいったいなんの話かわからないかと思うので、簡単に例を挙げておくことにする。たとえば、人が部屋の壁の色や絵画などを認識する場合は、眼から入る光が織り交ざった色覚を最終的に脳で認識するので、多くの人は眼で受け取る光はなにかを見ることにだけ使われているものと考えている。しかし、見る以外の働きをする光も眼から入っている。外の光に体のリズムが同調して、体におおよそ二四時間周期の生理的な動きが生じる「概日リズム」をつくる働きの引き金となる光も眼から入り、概日リズム形成の中心的役割を担う視床下部に位置する視交叉上核にたどり着くのである。さらには、日が長くなると発情期を迎える長日繁殖動物、たとえばウマ、ネズミ、リスなど、一方、秋になって日が短くなると発情期を迎える短日繁殖動物、ニホンザル、シカなど、これらの動物は日の長さを感じ取ることで性行動のスイッチを入れるのである。最近の研究では、脳の季節繁殖のスイッチを入れる場所に光感受性ニューロンの存在が明らかになっている。

　このように、光は動物が物を見ることに必要なばかりではなく、動物の性ホルモンや行動リズムを調整する自律機能に深く関わっている。日の光のうち、約二〇％が視床下部や下垂体、松果体に達するともいわれる。私は、その点について興味をもっていた。眼から入る光が脳のどの部位に運ばれ、どのような視覚以外の働きをするのかを明らかにしたいと考えていたのである。さらに、鳥では体のリズムをつくる光は、第三の眼とよばれる脳の松果体でも受け取っているから、哺乳類よりも興味がわくというか神秘性が高い。そのため、ニワトリを使って光と体の研究をはじめたのである。その研究の一部になるが、私は、神経の走行に沿って取りこまれる薬を眼球に注入するために外科的手術を行い、視覚の神経経路について調べていた。それには、大きなニワトリでは扱いもたいへんになることから、若いニワトリでトサカが少し出てきたくらいのものを実験に使っていたのである。

そして事件は起こったのである。その実験に使うニワトリは、私の研究室がある大学メインキャンパスから東へ一四キロ離れた附属農場で飼育していた。常時、十数羽は飼育していた。ある朝、エサ当番の学生から電話が入った。「センセイ！　ニワトリが半分以上死んでいます！」。おもわず耳を疑った。死ぬ状況などまったく考えつかない、いたれりつくせりの環境である。それがなんと、電話から想像するに、悪魔の仕業のような現場の様子。聞くところによると、頭はない、内臓もない、血だらけの首なし死体と、地獄絵を想像させるかのように血がついた羽の散乱、まさにとんでもない様子である。その日は、一コマ目（朝の八時五〇分から一〇時二〇分）に講義があったので、現場に急行はできない。優れた刑事のごとく、「講義終了後すぐに駆けつけるから、現場の現状を崩さないように」と学生に指示する私。大いにニワトリのことが気になりながらも、こちらも血生臭い解剖学の講義である。折しも消化器官の講義だったので、黒板には消化器官の模式図を書き示し、スライドで腸とか肝臓が見える解剖時の生々しい写真を見せながら、ニワトリが内臓をすっかり食いちぎられた状況などを想像していた。その想像のせいなのか、なぜか講義は臨場感をもった饒(じょう)

舌な話し方になって学生を引きつけたのであった。

講義をそそくさと終え、車で二〇分ばかりの道をとにかく農場へまっしぐらである。鶏舎に着くと、第一発見者である学生がボンヤリと放心状態である。急いで周りを見わたしたが、たしかにこれは凄惨な現場となっている。一方、幸いにして生き残ったニワトリが何事もなかったかのように「ココココッ、ココッ」と普段の鳴き声を発し歩き回っている姿は、なんともいえない現実感と違和感を抱かせる。ニワトリは三歩歩くと忘れるといわれるが事件後、相当に歩いているはず。もう昨晩の恐怖を忘れたのだろう。さて、いよいよ現場検証である。ドラマや映画なら「みなさんここから出ないでください。これから私の質問に……」などと展開するところだが、なにせ目撃者は、何事もなかったかのように周りや足元を歩いている「ココココ」である。ここは丁寧に被害者ならぬ被害鳥を見るしかない。

学生からの報告のとおり、たしかに頭がない。首の上部で食いちぎられている。かなり強い力で噛み切ったと考える。次に、内臓がほとんど食われている。ないのである。普段なら「内臓がナイゾウ」とか言って学生に「センセイ、寒いっす」と引かれている私なのだが、今はそんな余裕はない。羽はついているが、鶏ガラのように骨の輪郭が残っているだけなのだ。胴体には噛みつかれたような痕跡は見当たらない。死体は、床面積二〇平方メートルの鶏舎一面に広く散らばっている。これは被害者が散り散りに逃げ回った痕跡なのか、あるいは犯人が複数いてそれぞれがその場でどうやってニワトリを殺したのかと、犯罪の様子を想像する。運動場との間には、高さ七〇センチメートル、幅五〇センチメートルくらいの通路というか出入り口がある。そう、この鶏舎は運動場つき平飼い鶏舎なのである。少なくとも、養鶏場によくあるウインドレスで動きのとれないせまいケージ飼いに比べたら雲泥（うんでい）の差の住み心地である。運動場は三〇平方メートルくらいあり、屋内より広い。周辺は高さ二・五メートルの金網フェンスで囲まれている。管理としては、朝七時から九時の間に動物当番の学生がエサと水をやっている。掃除ももちろん日々のことである。

この場所を使って二年、今までまったくこのような事件はなかった。なにかしらの前兆すらなかったのである。突然、平穏な鶏舎が修羅場（しゅらば）になってしまったのだ。まったく不思議な事件のように思われたが、私は、検証しながら薄々犯人像を描きはじめていた。私は、岩手県の農家育ちである。私が小学校低学年ごろの実家は、大きいほうからいえばウマ、ウシ、ヒツジ、ウサギ、ニワトリを飼っていた。ウマは農耕馬、ウシは牛乳生産、ヒツジは羊毛の生産、ウサギは肉を売って子どものおこづかい稼ぎ、ニワトリは家庭消費レベルの卵とたまには鶏肉として飼い主のおなかに入る。まさに自給自足ができた時代である。今となっては贅沢至極（ぜいたくしごく）に思われるが、当時の岩手県の田舎はスーパーやデパートなどなく、自給自足が当たり前であった。さて、そんな環境で育ったから、子どものころから家畜に関わる多少の事件には出くわしている。実は、ニワトリがイタチに襲われることが、ときどきあった。時には、当時まだ多かった放し飼いのイヌにニワトリが襲われることもあったのである。そんなことを思い出し犯人像を考えると、最近はイヌの放し飼いはほとんどないし、運動場のフェンスのつくりを見ると侵入は難しいはず。ネコもいない。現場を見るかぎりは、子どものころに見たイタチに襲われた現場に似ている気がする。イタチならフェンスの網も登れるし、とにかく小さな隙間があれば侵入できる身のこなしである。さっそく、イタチ対策である。学生たち数人と鶏舎の隅々をチェック、隙間は目張りをし、イタチはもちろんネズミ一匹すら侵入できないようにした。さて、これで安心と、少なくなった分を補うため新たにニワトリを購入し、実験に備えることとなった。

　それから三日もしたころ、再び「センセイ！　ニワトリがまた襲われています！」と電話が入った。今度は講義のない日だから即、農場に向かう。たしかに、またすごいことになっている。前回より、数羽ばかり犠牲が多い。現場の様子から単独での犯行としては、疑わしくなってきた。また、イタチは群れで行動しないのではと思う。ますます犯人像が見えなく

なってきた。しかし、それでもイタチ説を信じたい気持ちがあり、再度鶏舎を点検し、まずは様子を見ることとした。

それから数日後、その日の当番のNくんから電話があった。その第一声が、「センセイ！　犯人はカラスです！」ときたのである。これまた、まったく信じられない犯人が現れた。とにかくNくんの話を聞いた。実は、Nくんは行動力抜群である。エサ当番は事前に決められているので、自分の当番の前日から鶏舎に泊まりこみ、犯人を見てやろうとしたようだ。彼も夜陰に乗じて泥棒や悪人が来るという定説観で泊まりこみを決め、暗いうちから犯人を待って潜んでいたらしい。しかし、期待に反し、夜の鶏舎は静かだったとのこと。そもそも、イタチなら昼夜行動できるので、人気がない夜中に騒ぎが起きる可能性が高い。この状況からも、イタチ説は薄れていく。さて、世も白々と明けるか明けないか、Nくんの疲れもピークに達したころ、「ケケェ、ケケェ、ココココ」

などと鳴き声を発しながらニワトリたちが右往左往に逃げ回る様子で目が覚めたのである。Nくんの目の前には信じられない光景が広がっていた。なんと、一〇羽くらいの黒い鳥がニワトリを襲っているのだ。すでにニワトリの一～二羽は深手を負っている。最初は、なにがなんだかわからなかったようだが、そう時間もかからず犯人はカラスと合点した。Nくんは近くの棒をもってカラスを追い回すものの、カラスは敏捷（びんしょう）にそれを避け、運動場と屋内鶏舎の通路を見事な飛翔ですり抜け、一羽もNくんに捕まらずに逃げ切った。報告の全容は、まさに鶏舎襲撃の犯人は、カラスであることが明らかとなるものだった。その後、Nくんの観察から、カラスでもハシブトガラスが犯人であることもわかった。また、襲撃が周到というか相手の弱点をねらうことがわかった。ひん死のニワトリを見ると、総排泄腔（そうはいせつこう）から腸が出ている。眼もつつかれている。なかなかの残虐（ざんぎゃく）ぶりだが、よく攻撃どころを知っているように思われる。身近なカラスにはハシブトガラスとハシボソガラスがいるが、ハシブトガラスのほうが野鳥のヒナを襲ったりする猛禽（もうきん）的行動をとるのだ。

それはともかくも、犯人は地上から侵入しているとばかり考えていたため、空へはまったく無防備であったことを反省し、運動場の天井を覆うようにネットを張ったところ、カラスの襲来はなくなった。やっと、安心してニワトリを飼育できるようになったのである。

この事件をきっかけに、私のなかでカラスに対する見方がまったく変わってしまった。そもそも、カラスが動物を襲って食べるなど、考えてもみなかったことである。これまでのカラスは、田んぼや畑をノコノコ歩いてエサを探す鳥、ごみ集積所で生ごみを漁っていやがられるくらいの認識であった。私は、それまで知らなかったカラスの猛禽のような一面に出会って、「なんて奴だ!」と思い、その後の研究が大きくカラスに傾いた。そして、研究の広がりができたと思う。そのような意味では、冒頭に述べように、この事件は八咫烏が陰で運命の糸を操っていたのかもしれない。このような出会いもあり、カラスと付き合うこととなったが、のちにハシブトガラスがスズメ、ハト、カモを襲う現場を見ることもあった。さらには、公園の子ジカの眼をつつき死に至らすなど、思いがけない行動をとる鳥であることを知るようになったのである。

スズメがヘビに変身したという驚愕の朝

新緑が美しく、日差しも初夏を感じさせる気持ちがよい日であった。それなのに学生Ｏくんが、朝っぱらから形相を変えて「センセイ！　たいへんです！」とさけびながら、私の部屋に飛びこんできた。もはや勤続二〇年を過ぎ、この種の刺激には反射神経が麻痺(まひ)して、学生たちの素っ頓狂(すっとんきょう)なさけびくらいには驚かない。朝から騒々しいことになったものだと思いながら、「どうしたの？」と教授らしく落ち着いて問いかけた。学生の人生経験から比べたらはるかに倍以上の経験があるという自信もあり、内心ではどうせたいしたことではないのだからと思いつつ、問いかけたのであった。が、意外な答えが返ってきたのである。Ｏくん曰く、「スズメがヘビになりました！」とたいそう興奮している。

実は、スズメによる農作物被害の基本データとして、スズメが一日にどれくらいのお米を食べられるのか知りたくて、Ｏくんの卒業論文テーマにしていた。そんなわけで、数日前から研究室を構えている棟とは別棟の一角に普通のインコなどを飼う小鳥用のかごを設置してスズメを飼育し、エサの摂取量を計っていたのである。

スズメは雑食でなんでも食べるが特に好きなのは穀物で、なかでも稲や麦の実を好んで食べる。農林水産省の調べでは二〇一六年、約一〇〇〇トンの穀物被害、金額にして三億一〇〇〇万円との報告があるが、いったい何羽のスズメが食べた量なのか、そもそも一羽のスズメがどれだけの小食あるいは大食漢なのか、まったくわからない。その手がかりを得るためにはじめた研究である。そのスズメ、ありきたりの野鳥ではあるが、鳴き声がかわいいのと小さくて行動が敏捷だから愛好家も多い鳥である。「チュンちゃん」とか「チュン介」など研究室の学生たちもおもいおもいの名をつけ、かわいがっていたのだ。Ｏくんの報告を聞くかぎりでは、かごにはスズメはいなくて、ヘビがとぐろを巻いているとのこと。どうやら、自由に飛び回っていたスズメがかごに閉じこめられたのを恨んでか、あるいは軽々しいネーミングをされたので凄みを効かせるためなのか、ヘビに化けたようだ。そもそもこのスズメは、カラス小屋のエサを盗食しようとして忍びこみ、私に捕まった運のないスズメである。せっかくだから、以前から気になっていた摂取量を調べることにして、Ｏくんのように研究テーマはなんでもいいですという学生が現れるのを待っていたのだ。

まずは、Ｏくんからの聞き取りを紹介しよう。いつものとおり、水とエサを替えるべくスズメの飼育場所に行ったらしい。そして水とエサを替えようとして鳥かごに近づいたところ、おもわず竦んでしまった。なんと、鳥かごにいるはずのスズメがいなくて、大きなヘビがとぐろを巻いてじっとＯくんを見ていたとのこと。都会育ちのＯくんにとっては、なにがなんだか見当もつかない出来事だったろう。

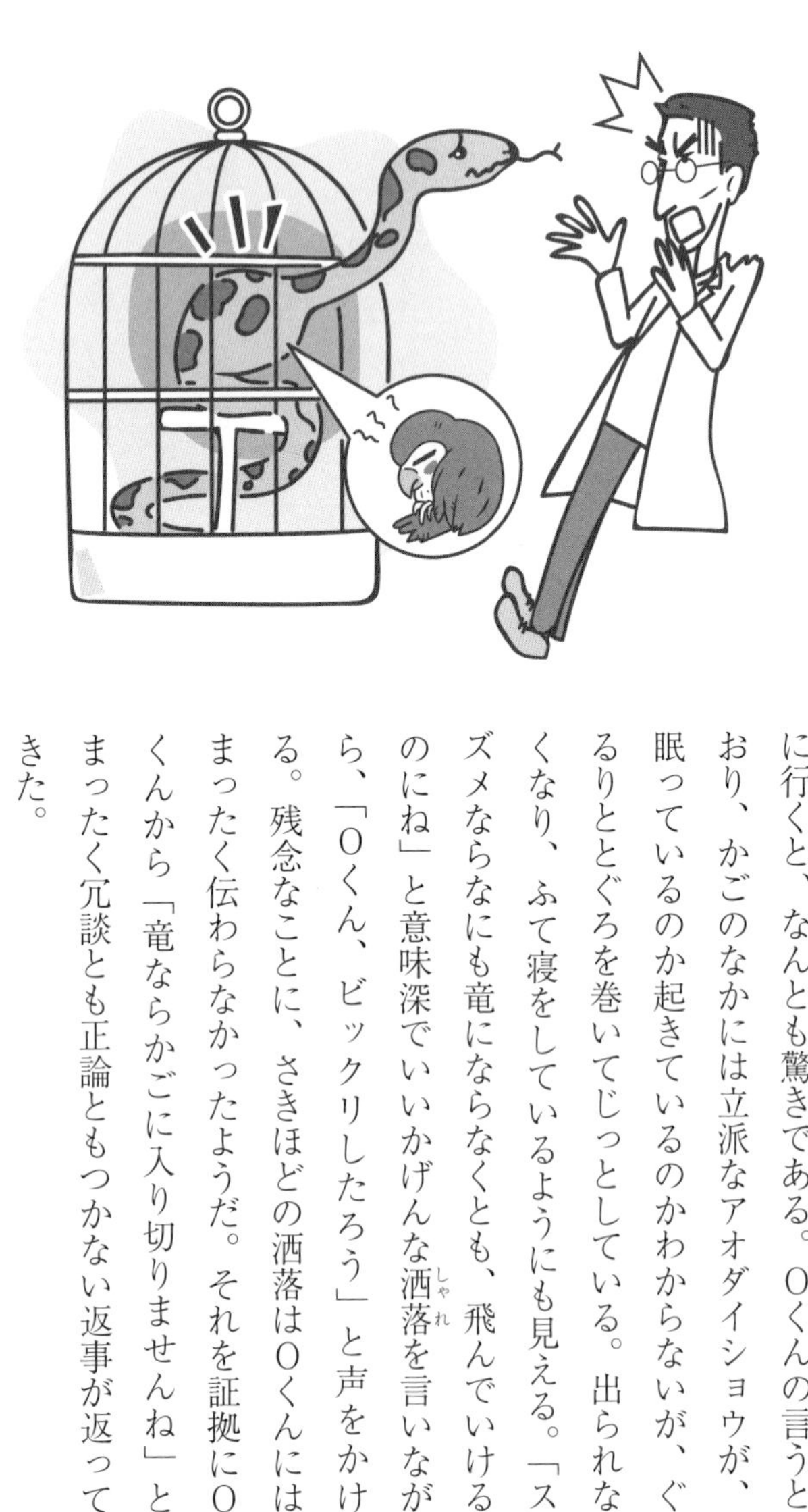

ひととおり説明を聞いて別棟にある鳥かごを見に行くと、なんとも驚きである。Oくんの言うとおり、かごのなかには立派なアオダイショウが、眠っているのか起きているのかわからないが、ぐるりととぐろを巻いてじっとしている。出られなくなり、ふて寝をしているようにも見える。「スズメならなにも竜にならなくとも、飛んでいけるのにね」と意味深でいいかげんな洒落(しゃれ)を言いながら、「Oくん、ビックリしたろう」と声をかける。残念なことに、さきほどの洒落はOくんにはまったく伝わらなかったようだ。それを証拠にOくんから「竜ならかごに入り切りませんね」とまったく冗談とも正論ともつかない返事が返ってきた。

さて、そのヘビをよく見ると、体のなかほどがほかの部位に比べて倍とはいかないまでも膨らんで太いのである。おもわず、合点。ヘビがスズメを丸呑みして太ったから、かごから出られなくなった顛末(てんまつ)である。やはりヘビ、かごの網目幅と呑みこんだあとの胴幅が計算できていない。スズメは全長一四センチメートルくらいで、体重も二〇グラム前後であるため、頭から呑みこめる。報告のとおり、スズメがヘビになっている。とぐろを巻いて寝ているのか起きているのかわからないのは、事の顛末を悟ったヘビのふて寝だった。

　事のなりゆきをOくんに説明したら、「そんなことがあるんですね」と納得してくれた。いずれにせよ、食べられたスズメもかわいそうだが、卒業論文の相棒を失ったOくんもかわいそうである。ただ、数日の予備実験ではあるが、スズメが一日に食べるお米の粒を約五グラムとして、これを数十羽のスズメが一〇アールの田んぼの稲穂を二時間食べたら、おおよそ〇〇キログラムになるなどと考えることができる。黄金色し頭を垂れている稲穂の絨毯(じゅうたん)にスズメが無数に舞い降りたから、ずいぶん食害があるのだという雰囲気で被害を想定するよりだいぶ被害額がイメージできる。どんぶり勘定で被害請求が出ることも多いなか、このような被害算出の査定ができれば、実態にあった賠償ができるかもしれない。Oくんは、農業共済組合の希望の星になれるかもしれない。

ところで、ヘビはびっくりするほど大きく口を開いて、自分の頭より大きなものを丸呑みすることがある。というのも、ヘビは顎を外すことができるからである。私たちの顎は頭蓋骨の一部に顎関節があり、下顎骨の関節突起がその部位のへこみに入り、関節をつくる。もちろん、そのために噛む力とかが強くなるのだが、開く範囲も限りがあるしくみだ。しかし、ヘビは頭蓋と顎の骨とを方形骨（方骨）でつなぎ、関節というよりは折りたたみ式の顎になっている。なんでもないときは方形骨が下顎と頭蓋の間にはさまるように横たわっているが、大きいものを呑みこむときは下顎骨と頭蓋の関節部位を外して、その間で方形骨が突っ張り棒のように大きく開いた顎を支えるのである。また、左右の下顎骨は前の部分で骨と骨がつながっておらず、靭帯でつながっているため、上下の開きを大きくできるばかりでなく、水平方向にも広くできる。さらに、いったん口を過ぎるとヘビには鎖骨も胸骨もないので、大きいものが通過すると肋骨はただ広がればよいことになる。すごい蟒蛇能力をもつのである。もちろん、教授としてＯくんにこのことを教えたのは言うまでもない。いずれにしろ、もはやスズメはいない。初志貫徹でいけばスズメの再捕獲であるが、意外に捕まらないのである。スズメをおびき寄せるためにエサまきをすると、スズメは人がいるとやってこないが、キジバトは警戒心なしで近づいてくることに気がついた。

スズメはヘビに呑みこまれるサイズだが、ハトならその心配もない。少なくともハトを呑みこむニシキヘビは出てくるまい。実は、ハトも農作物被害やら糞害やら問題を起こしている鳥である。農学部として取り組んでよい対象の生物である。そこで、ハトの行動やにおいの効き具合などを調べるかと無責任に誘いを入れると、「いいですね」とOくん。教授も無節操なら学生も無節操な研究室である。ただ、これは単に無節操というわけではない。研究でも仕事でも状況を見て切り替えの判断をすることが大事な場合も多い。このケースは、いわば切り替えの指導でもある。こうして、研究室の一日がはじまる。学生はよくも悪くも、騒ぎをつくりだす。

とにかく、農学部というところはいろんな生きた動物、死んだ動物を丸ごと研究対象にすることができるのがおもしろい。現在、わが研究室の主人公的動物は、カラス、ヤギ、イルカである。どこにどんな共通項を見出したら、このような動物が並ぶのか私にとっても不思議である。ただ、不思議のままでは不親切極まりないので、一応、三種類の動物が浮かび上がってきた理由を簡単におしらせする。カラスは教授の研究対象動物、ヤギは准教授の研究対象動物、イルカは講師の研究対象動物という理由からである。しいて共通点を挙げるなら、いずれも脊椎動物門であることぐらいである。ただ、その共通点は漠然としていて、頭蓋、頸椎、胸椎、腰椎、尾椎などで構成されているという点だけである。とはいうものの、三人とも研究対象動物が決まっているかのようにみえるが、研究室に入ってくる学生の希望を聞いて、可能であればなんでも研究対象にする。

今年は、新たにコウモリとクリハラリス（タイワンリス）が加わっている。つまり四年生の一人が「センセイ！　私、コウモリがやりたいです！」と言い出したのだ。やりたいことは可能なかぎりやらせてみるのが方針である。コウモリの被膜（翼）は四足歩行をしている動物の胴体の皮膚が手首まで伸びたものとされているが、それではそこに分布している神経は普通の哺乳類の胴体に行っている神経と同じものであるはず。それを確かめることを卒業論文課題とした（詳しくは第一二話で紹介）。

一方、クリハラリスは特定外来生物として神奈川県や静岡県、伊豆など南関東地方から東海地方、九州地方にわたって見られ、寄生虫のもちこみ、農業被害、樹皮の捕食による森林地被害などをもたらす警戒すべき生き物である。したがってわが国では狩猟獣となっているため、多くの骨格サンプルが国立科学博物館に集められ、眠ったままだという情報が入ったのである。皮革用やペット用としてもちこまれたクリハラリスは一九三八年ごろに逃げたりしたことで分布が広がっており、地域や食性による適応を骨格から調べることは、駆除対策にもつながるのではと考えられるものの、骨をテーマにする学生も研究者も少ない。なにせ、骨董学みたいに眺めたり、骨の長さを計測したり、地味の極みである。今の時代、解剖学といえども高分子、遺伝子解析が主流である。しかし、なんとも、これを巡り合わせというのだろう。研究テーマなどの課題検討会の日、クリハラリスの野生化の問題や研究展開の可能性を話したら、他大学から大学院に進学してきたＮくんが、まだ研究室の内容がよく見えていないこともあり、「センセイ、俺、骨好きっす」と言ってくれたのだ。こうなると、釣りと同じで一気には釣り上げない。「骨の研究は地味で根気がいるよ。骨にするまでは、結構汚れ仕事が多いよ。まあ、研究の醍醐味もあるけどね」。そんなことを言いながら少し焦らすとともに、興味を煽るのである。教授とは老獪な生き物である。Ｎくんはますますやる気を見せて、「ぜひ、私にやらせてください！」ときた。ここで一気に釣り上げる。「よし、やってくれるか！」と教授。即、テーマがタイワンリスの骨格による年齢査定となった。こんなふうにして、研究課題はその場の出会いと興味で増えるとともに、異方向のベクトルになっていくのである。

コラム1　農学部ってなにを学ぶところ？

農学にはいろんな分野があるため一言で表現することは難しいが、私は「農学部とは『命を上手に育て、よりよくいただくための生活の科学』を学び研究するところだよ」と高校生に説明してきた。「命をつなぐ生活の科学」と言ってもよい。私たちの体のつくり、その営みのエネルギーや潤滑になる食料を安全・安心につくる科学である。そして、その食料は別の命である場合がほとんどである。ある命から別の命につなげるときに、よりよい成分を効率よく取りこむあるいは体に害のないようにするための科学、それが農学でもある。たとえば、遺伝子の組み換えをしてアレルギーを起こさない作物をつくることも農学である。だから、遺伝子や分子レベルでの研究も多く行われている。このような先端研究も、やはり命を上手に育て上手にいただくことを具体的に進める手段である。もちろん、研究対象になる生命体が育つ環境は土壌と関係するものが多いため、おのずと地質や土壌学が関わってくる。そうなると気象学や水の科学どころか、山も海も加わってくるのである。おそらく、大自然を含め人間の生活の営みに関わるすべてが農学の対象となる。科学の宝庫でもある。そして、結果は具体的である。某大学のマグロ養殖技術の確立などは結果を具体化した成功例である。少なくとも、刺身が好物の私は大いに感心した。

センセイ、ネズミに噛(か)まれる!

「窮鼠猫を噛む」という言葉があるが、まさにそのことを体験するのも解剖実習。解剖実習のはじまりは、骨格標本の観察とスケッチである。動物の動きと形を支えるのは骨格である。その骨格から、生きているときの躍動感とあわせて動物をイメージするのが、動物を理解する第一歩である。その光景は一見、美術大学のデッサンの時間と変わらない。聞くところによると、美術解剖学という科目もあるらしい。とにかく、この科目は多くの学生がウマ、ヒツジ、鳥などグループごとに分かれて、動物の特徴をイメージしながら体の支柱となる骨の各部位を覚え、スケッチブックに描いていくのが基本。こんな感じで数回は、解剖実習といっても血生臭いことは一切ない。ただ、周囲を見れば、バケツの蓋に脳、生殖器などと書かれた容器が所狭しと置いてあるから、目ざとい学生はなにやらこの部屋の血生臭さを察するのである。

さて、最初の解剖らしい解剖実習はラットで行う。生きたラットの体表観察からはじまり、各臓器の剖出や観察を行うので、命と向き合うことになる。

事件は、このラットの解剖実習のはじまりで起こった。ラットは二〇〇グラム前後の白いネズミであるが、もとを正せばドブネズミを品種改良し、実験動物化したものである。したがって、野生動物としての本能行動もあれば、俊敏さもある。部屋に入ってきた学生がまず、いつもと様子がちがうと感じる。これまで机に並べられていた静止物である動物の骨格はなくなり、ラットが入ったケージが各班の解剖台に置かれている。そのなかをラットが忙しくにおいを嗅ぐようなしぐさをし、せまいケージのなかを隅々に行き来し、落ち着きがない。その脇には、注射筒、ハサミ、ピンセット、メスなどの解剖器具もそろえてある。

学生は当然、今日の実習への期待と、なんとなく想像できる最終段階への不安を感じる。さて、担当教員である私は、実習の説明や「動物の愛護及び管理に関する法律」の理念に基づいた動物実験の3R、つまり「Replacement（代替）：意識・感覚のない低位の動物種への代替、重複実験の排除」「Reduction（削減）：使用動物数の削減、科学的に必要な最少の動物数使用」「Refinement（改善）：苦痛軽減、安楽死措置、飼育環境改善」など、命をいただいて学ぶことへの覚悟を実習前の学生に向けて話した。なにせ昨今は、命あるものを無用に殺すな、代替があればそれで済ませろと強くさけばれている。まず、その考えを目の前の命をいただく学生に伝える。その概念を伝えるためには、実物を見せるのが一番効果的である。

さて、いよいよ私による麻酔法のデモンストレーションである。事件は、そのとき起こった。つまり、解剖のスタートとなるラットに麻酔をかける段階である。「猿も木から落ちる」

「弘法も筆の誤り」。とにかく、たとえるならそんなところ。私は、ケージでそわそわ動き回っているネズミの首根っこを捕まえ、おなかにすばやく注射したかのように見えたが、ラットの「ギーッ、ギーッ!」という悲鳴をかき消すような「アッー、イター!」という甲高いさけびを発してしまった。そう、ラットに噛みつかれたのである。学生たちも私の左手中指にラットが食いつきぶら下がっている光景と悲痛な顔の私を見て、なにが起こったのか、みな状況を飲みこんだ。みるみる、私の指から血がしたたってきた。ラットの歯は、指の爪を突き抜けるほど噛みついている。「イタイ」のである。

これでは教授の面子に関わる。これをとっさにうまく講義に組みこむアイデアをひらめいた。私は、ラットが噛みついている手を高々と上げ、「みんな、こんなことになるから気をつけろ！　この状態で引っ張れば、ますます噛みつきが強くなるから、引っ張ってはだめだ！イヌに噛まれた場合もそうだ！」と身をもって示した。このときは、あとで思えば痛さはどこかにいっていた。私でも「心頭滅却すれば火もまた涼し」の心境になれるのであった。さて、学生はどの実習の前段の説明にもみられない臨場感と迫力を感じていた。それからが、もうひと演技である。噛みつかれている手ごとケージに入れ、ラットをもといた敷きわらのにおいがただよう場所に置いた。そうすると、ラットは食いつきを止め、ケージのなかを歩き出した。私は、ラットの興奮を収める動物行動学的な処置の解説をしながら、どうだと言わんばかりに学生たちを見回したのである。しかし、ケージの敷きわらを私の血液が点々と染めていた。なんとも痛々しいことになってしまった。まさに「窮鼠教授を噛む」である。私はその後、噛まれたあとの消毒や止血などの緊急措置について講義しはじめた。失敗を失敗としない、あたかも、もともと組まれていた演出であるかのように「このような噛み傷は傷口が小さいから、ネズミがもつ菌や体についている雑菌が入っても出てこない。傷口を塞いではいけない。また、すぐ出血が止まってもいけない。流水に当てながら、血を絞り出すんだ」と言いながら、噛まれた指を水道水に当て、血液を傷口から絞り出すのである。それから、消毒の措置と止血を行う応急措置の仕方について、身をもって示したのである。「どうだ、噛まれたときの対応はわかったかい?」という私の声に、学生たちは噛まれることが前提と察したのか、あまりにも強気の教授に呑みこまれたのか、すっかり静まりかえっている。

そこは、教育の現場である。教育にはいろんな教員の連携が大事である。おじけづいている学生に、動物行動学が専門のA准教授がこれまた見事にラットを捕まえ、曲芸師のようにラットを自分の肩を這わせ、ラットの気持ちを和らげたのち、ラットのおなかに腹腔麻酔の注射をしてみせたのである。学生たちは、この離れ業になにかしら安堵の顔つきになっている。教授の面子が丸つぶれであるが、事をうまく収めてくれたことには素直に感謝である。

さて、いよいよ実習開始である。

さきほどの事件が気になるところだが、実際は、教員が各班のラットに麻酔を打って回るので、学生が噛まれることはない。もちろん、実習だから志願する学生がいれば挑戦の機会は与える。事前処置で、A准教授が各班のラットに打った腹腔麻酔が少しずつ効いてきている。麻酔が完全に効くまでは、徐々に運動機能が麻痺していく様子などを観察するのだが、なかなか効かないラットも出てくる。半麻酔状態だから、こんな場合は学生の練習にはもってこいである。学生もよろよろ動く姿やコックリ、コックリしてはやおら起き上がる居眠り状態のラットを見れば、さきほど教授が噛まれたことを忘れていなくとも、麻酔の真似事をしたくなるのも無理のない話である。追加麻酔はあまりよくないが、募って注射の体験をさせる。

そうこうしているうち、各班のラットも完全に麻酔が効いてきた。基本的には安楽死のための深麻酔であるから、経験のない学生の体験として任せることができる。やがて絶命に至り、その段階で解剖がはじまる。小動物の解剖とはいえ、哺乳動物である。構造的にはわれわれ人間とかなり似ている部分もあり、自分の体の理解にもつながることを学生に伝える。手際よく外皮を剥(は)がし、筋肉の観察をはじめるが、体が小さいのとラットの筋肉は隆々としていないこともあり、観察は難しい。ただ、冒頭に私の指の爪に穴を開けた際に使ったと思われる咬筋、側頭筋はよく見えるので、さきほどの事件を引き合いに出し、それらの筋肉について解説をしたのだが、このときばかりは見事に学生の目を引きつけることができた。さすが、転んでもただでは起きないと自分を励ます。再び、咬傷事件を使い、教育効果を高めている。なにせ、学生は「これがあの力を出すのか……」とつぶやきながら、それらの筋肉をスケッチしはじめたのである。たしかに、よく見るとラットの咬筋はアスリートの筋肉のように盛り上がり、その強さを裏づけるように、骨に近い側には腱が集合して丈夫さをつくっている。体の筋肉よりは観察の醍醐味がある。一方、体幹の筋肉は意外に発達が悪い。大胸筋、上腕二頭筋など観察が容易なところを確認し、次に進む。

　そうやって、体表と筋肉の観察をできるだけ迅速に行う。実は、生命の存在感を実感するには、心臓の拍動を観察するのが一番である。急ぎ、横隔膜下の位置で腹腔を開け、腹腔側から心臓の拍動を観察する。ラットの横隔膜の腱中心からは、薄く胸腔にある心臓の先端の動きが見える。学生たちに、肝臓を持ち上げ横隔膜の腱中心付近を見るように指示する。学生たちは「あぁ、動いている！」「早い！」などと、感心するのが定番である。早いはずである。ラットの心拍数は状況によるが、普通、毎分三〇〇～四〇〇回である。すでに呼吸は止まっているが、学生は高校ではしっかり習っているはずの心筋の自律機能など忘れ去っている。そして、矛盾にまったく気がつかないのである。しょせん、活字の知識の世界だから、記憶に薄いのも無理はない。むしろ、そのほうが大学の教育に効果があるともいえる。そう、呼吸停止後も心臓は自律性のしくみで二〇分程度は拍動を続けるのだ。このような生命の営みを、たとえラットの体であろうが、命の「躍動」としても見ることができる。心臓の拍動を見て「生きているってこのことだよな」と実感ができるのである。

やがて心臓も止まり、死というものを認めたら、開腹に入る。まさに、死体を見るという臨場感は、内臓観察になって生じる。なにせ、農学部である。医学・獣医学のような動物の命を「助け、治し、命をつなぐ医療」を行うための解剖学ではないのである。むしろ、殺して食べる生き物を知る解剖学である。だから筋肉は「食」というイメージになるから、筋肉の起始や停止などはどうでもいいのである。背中を肩から腰まで走行する筋肉は胸腰最長筋、つまり「ロース」であることがわかり、飼育と運動によっては筋肉の硬さに結びつくと考える力があればいいのである。だから、食肉をさばく肉屋さんとは言わないまでも、なかば家畜の解体的な感覚がだいぶある。

というわけで、解剖の前半は粛々と進むのだが、おなかを開けることになると、再び学生の目つきがちがってくる。そう、筋肉は体表に近く、外観から想像がつきやすいのと、食べる部位（いわゆるお肉）が重なり、「生命の探求」という雰囲気はやや薄い。それに対し、内臓こそ身近で見たこともなく、なにかの折に見た解剖学の本の一ページをめくる感覚で臓器を観察・描写するのは、『ターヘルアナトミア』の世界観を感じさせるのである。しかし、生物の体は、書物に描かれているような明確な線も色彩もないのである。そのなかで内臓は特に複雑である。たとえば、消化管は脂肪組織が周辺を取り囲んでいたり、臓器が折り重なったりして入りくんでいるため、初心者にはなにがなんだか識別は難しい。まずは、ピンセットで選り分けたり、つまみあげたりして、それがなんであるかの見当づけがはじまる。こんなときに、学生六人くらいに対して大学院生のティーチングアシスタントが一人ずつ解剖台に配置されているので、彼らが臓器の識別を指導してくれるのが理想だが、その大学院生たちも若干逃げ腰になっているのが常である。本来なら給与も出ており、逃げ腰なんて許されることではないのだが、彼らはもはや学部時代に学んだ知識は記憶の彼方となり、今や自分の研究テーマで手一杯なのだ。とはいいつつも、彼らは、実習を受けている学部生より四年も上の大先輩。いいことも悪いことも四年先に、いろいろ経験している。回答の正確さはともかくも、質問を受ければちゃんと相手をして、学部生から信頼のまなざしを受けている。最初に私がラットに噛まれた大ハプニングはすでに忘れたかのように、小中高時代では出会えなかった生命との触れ合いを感じながら、はじめての生きた動物を使った解剖実習は進んでいくのである。

コラム2　マウスとラット、なにがちがう？

動物実験では、ラットとかマウスとよばれる白いネズミが登場する場合が多い。某有名キャラクターのネズミはみなさん容易にイメージできるが、「マウスとラットのちがいは？」と聞かれると「なにそれ？」という感じであろう。そう、命のしくみの解明のため頻繁に使われ、生命科学分野では貢献度の高い動物だが、いざそのちがいを問われると、農学部の学生でもきちんとわかっている人は少ない。実は私も、体重が10倍ほどちがうことくらいしかわかっていない。そうすると、一般の方はやはりどちらも白いネズミを連想するのがせいぜいかと思う。調べると、一般的にはラットもマウスもネズミを意味する言葉で、明確な区別はない。大きいネズミをラット、小さいネズミをマウスとよんで大きさの区別をしているにすぎないともいえる。ただ、実験動物の世界は異なる。ラットはドブネズミを改良した大型のネズミであり、マウスはハツカネズミを改良したものと定義づけられている。ちなみに、体のサイズだけでなく解剖学的には大きなちがいがある。ラットには胆嚢（たんのう）がないが、マウスには胆嚢があるのだ。また、心拍数もマウスはラットの1.5倍くらい多い。

センセイ！ カラスを逃がしてしまいました…

ある土曜日の夕方、休日出勤なので大学を早めに退勤し、サウナですっかり爽快になりロッカールームで着替えているところに携帯電話の着信音が鳴った。発信元を見ると、研究室の四年生のOさん。いやな予感が現実になった出来事は、その瞬間からはじまった。

とにかくOさんは、信じられないことをしでかす。これまでも、整えておいた解剖セットにつまずいてひっくり返したり、きれいに並べてあったカラスの特殊な羽毛を「ワー、きれいですね！」と言った瞬間にクシャミをして飛び散らかしたりしたこともあった。それだけならともかくとしても、結果的には相当数紛失させている。このような失敗談は、Oさんの場合尽きない。いくらでもある。そもそも、Oさんはカラスの耳毛と鼻毛を研究テーマにしているが、鼻毛を抜くだけで精根尽き果て、せっかく丹念に抜いた鼻毛にカビを生やし、鼻毛かカビの菌糸か見分けがつかなくしたのもOさんなのだ。そんなことを瞬時に思い出し、おそるおそる「どうしたの？」と聞いてみる。第一声がなんと、すこぶるトーンの低い声で「センセイ、カラスを逃がしてしまいました……」とOさん。落ちこんでいるようだが、どのカラスかと問いただすと、こともあろうに逃がしたカラスは一番逃がしてはいけないカラスだったのである。

カラスを使っていろんな実験をやっているのがわが研究室である。なので、カラスが寄りつかない道具開発のために止まり木に滑る素材を塗ってその場にとまるのをいやがるかを確かめる実験や、ごみ袋をつつかせてなかの物をどう引き出すかの実験など、体を張れば役目を果たせるカラスもいれば、知的活動を調べるために長い日数をかけて英才教育を受けたエリートガラスもいる。カラスといえども、研究室には社会の縮図ほど職階がちがうカラスが飼育されている。場合によっては解剖されてしまうものもいる。ところで、いろんな学習試験を行うエリートガラスを育てる苦労は担当者にしかわからない。本当に根気と工夫がいる。どうやら、Oさんが逃がしてしまったカラスはそのエリートガラスのようだ。実際は、Sさんという大学院生が、いろんな表情をしている特定の人の写真を見ても同じ人物の顔だと判断できるかという疑問解決のために使っているカラスであった。

これは、まずい。なにせ、その実験ははじめてから一カ月の月日が経っている。時間をかけて英才教育をしている途中のカラスである。どんな教育かというと、まず私の顔とSさんの真顔の写真を見せ、どんな場所に置いてもSさんの顔写真を選ぶようになるまで一週間、それも毎日五時間もかけて仕込む。この場合、Sさんの写真を貼った蓋（ふた）を突き破ると、なかのエサが取れるしくみである。いわゆる「オペラント学習」といって、ごほうび（好物）をあげて物を覚えさせるというやり方の学習法である。動物に学習させる方法としてよく用い

られる手法である。たとえば、実験をやらされている動物が研究者が求める正解を出したらごほうびを与え、間違えたら電気ショックなどの罰を与えるやり方である。もちろん、カラスに電気ショックなど与えない。失敗したらエサがないだけの話である。この方法でSさんの真顔の写真を覚えたので、今度は笑った顔、悲しんだ顔、横顔、大口を開けた顔など、Sさんと私の顔のさまざまなパターンを無作為に提示してもSさんの顔写真として認識できるかどうかを調べる実験をする予定のカラスであった。それができたとしたら、一つの真顔の写真を見てカラスは横顔でも笑った顔でも同一人物というか共通要素を見出して写真を見ているという証明につながる。図柄のパターンとか絵の理解ではなく、さまざまな写真から特定の人物を抜き出し、概念的に捉える思考をすることを示す大発見になるのだ。その大きなゴールに向かうための基本の顔を覚えたようだから、これからいろんなパター

ンの顔写真を提示するクライマックスを迎える予定のカラスだった。教授も大いに期待していた実験というかカラスである。いずれにしろ「覆水盆に返らず、逃げたカラスはケージに戻らず」ということである。とはいいつつも、長い間、人からエサをもらっていたカラス、どこかで怠け癖というか三食昼寝つきの生活を思い出して戻ってくるのではと考え、ケージのドアを解放しエサを置いて待つ作戦をとった。しかし、それは人間の浅知恵であったことは言うまでもない。三食昼寝つきは人間の論理、自由に勝る魅力なしということらしい。

それはそれとして、ともかくも、Sさんの気落ちが心配である。Sさんは、タフなようで結構折れやすい部分があると教授は見ている。一方のOさんは、素直であっけらかんとしておめでたい。三人分くらいの賑（にぎ）やかさがある。この二人のバトルでも起きなければよいが……と心配になってくる。ここからは、何十年という長い月日、大学教授として研究室を運営してきた腕前で、二人の心の葛藤（かっとう）が大火になる前の消火活動に奔走（ほんそう）する。まず、Oさんには Sさんに素直に謝ること、決してカラスのせいにしないことと釘を刺す。間をおいてSさんに連絡し、Oさんから連絡が入っていることを確認して、不慣れな後輩を寛容にみてやってほしい、野生の生き物だから予測不能の行動をとることがあると言って理解を求める。とにかく、このような場合は間を取り持つ人間が必要である。大学の教員は専門に長けていればいいわけでなく、昨今は研究室の人間関係を円滑にするセンスも求められる。

さて、休みが明け月曜日を迎えた。その日の朝、失策をしでかしたOさんと被害者のSさんが研究室でなごやかに例の件について話をしている姿に、ひとまず安堵（あんど）である。そして、Sさんは早々に別のカラスとパートナーを組むべく、気持ちを入れ替えてさっそく空になったケージに新米カラスを入れて、教育をはじめる準備に入ったのである。知らぬうちに学生は強く育っていると思った事件である。

ただ、Oさんの立場はやはり、そのままでは済まなかった。この事件を検証した先輩たちの見解はこうだ。どうやらOさんがカラス小屋のドアを開けた瞬間、カラスはOさんをめがけるかのような早業で向かってきて、Oさんの脇をスルリと通り抜け脱走したようだった。研究室のメンバーはみんな脱走したカラス小屋の世話をしているのに、なぜOさんのときだけカラスが逃げたのかという話題で盛り上がっている。結論は、Oさんはカラスになめられているとのこととなった。ついに御成敗。Oさんはカラスにもなめられる地位に失脚したのである。

ところがその一週間後、午後の実習の準備のために別棟にある解剖室に向かう途中、遠くに白衣を着用し大きな網をもった女子が三人見える。近づいてみると、Oさん、Sさん、Bさん。手にしているのは、カラスの入れ替えのときに使うカラス捕獲用ネット。なんとなく想像はできたものの、「どうしたの？」と聞く私に、「センセイ！　カラスを逃がしてしまいました！」との回答。「またか……」とおもわずショック。そして、彼女たちが指し示す少し先の電線に、カラスが捕まえられるものなら捕まえてみろと言わんばかりにこちらを睨み、「カアア～」とひと鳴きした。よりによって、先週、気持ちを入れ替え新たなカラスとタッグを組んだＳさんのカラスがまたもや逃げた、いや逃がしたわけだ。しかし、今度はＳさんが自分の実験中に逃げられたとのこと。自分の責任であることと、逃げたカラスはエリート教育をはじめて間もないために本人はあきらめが早い。それはそれとして、とうてい無理な作戦ではあるものの、三人で逃げたカラスを追いかけて捕獲しようとしていた仲間意識はすばらしい。こうやって、とんでもない事件があることにより研究室の絆は強くなっていくのだ。まあ、雨降って地固まるということである。ともに汗水流す経験は、結果を伴わずともなにかしら実を結ぶものだ。追いかけたときの目撃情報によれば、逃げたカラスは周辺のカラスにいじめられていたとかで、学生たちはとても心配している。逃走犯の行く末を心配する、なんともやさしい学生たちである。じっとしていれば三食昼寝つきのはずがシャバに出て苦労する「Ｃｒｏｗ」を思うと、なんとも切なくもなる。

さてその件について、なぜ一週間のうちに似た事件が起きたのかが、さっそくその日のラ

ンチタイムで議論となった。実は、今日逃げたカラスは先週Oさんが逃がしたカラスの脱走法を見て逃げ方を学んだとか、逃げたカラスが逃げ方を教えたのではなどと盛り上がっている。実際、一週間前にOさんが逃がしたカラスのすぐ隣のケージに今回脱走したカラスが飼育されていたのである。十分、隣のケージの出来事は見える。たしかに、何年か前にカラスが「模倣学習」をするかというテーマで研究した成果として、カラスは見て学ぶという結論になっている。すなわち、あるカラスが○×の印をつついて○を選ぶとエサが出てくることを体験的に学習する場合は二〜三日かかるのだが、その様子を隣で観察させたカラスに同じことを試すと、なんと初日からパーフェクトゲームを行ったのである。それは一羽のまぐれではなく、実験した三羽ともできたのである。学生たちはその先輩の実験を思い出し、議論はどんどんカラスあなどれずという方向に盛り上がっていく。

カモの羽の色は幻！

学生は本当に教授の気持ちなど考えずに「○○をやってみたい！」とか言い出す。Wくんもそうだった。研究室でカモなど飼育したこともないのを知っていながら、カモの研究がしたい、それも羽装の研究がしたいと言うのである。羽装とは、羽の色彩や形などの総称で、たしかに沼で見る繁殖期のオスのマガモの首筋などは見る角度によって異なるが、光沢を帯びた青紫色や緑色に輝いてきれいだ。興味をひかれるのも無理はない。そうは考えるものの、羽の研究なんて考えてみたこともない。困ったものだが、もとを正せば、教授である私が悪いことになる。学生のいいなりのまま「それもおもしろいね」とか言いながら、ずいぶんいろんなことを卒業論文のテーマにしてきたから、あそこに行けばなんとかなる、なんでもやれると志の高い学生がやってくる。一部は、そうだ。

それとは反対に、卒業論文なんてなんでもいいや、厳しくなくて自由度が高い研究室に行こうというふうなまったく志が低い学生もやってくる。というのも、研究テーマも寛容だが、研究室生活も寛容だからである。だが、それはそれでこちらにも都合がよい。志が低い学生は、研究テーマに執着がない。もちろん、モチベーションが高くないから、言われたことをダラダラやる。しかし、ダラダラだろうがスピーディーだろうがかまわない。それでも確実に事は進んでいくので、そんな学生もいやな顔をせず研究室に迎え入れている。そもそも、そのような学生は独特の個性があったり、学業とは別にやりたいことがあったりで、動物と同じくらい見ていてハラハラドキドキする。彼らは、自分探しの途中なのである。

ところで、Ｗくんは志が高い学生である。なにせ、東北の某農学系短期大学で勉強して、さらにカモの勉強がしたくて私のいる大学に編入してきた学生である。こういう学生は、教授のいいかげんな口車に乗せられてテーマを変えることはない。最初の相談に来たときに「カモもいないし飼育したこともないけど、鳥がいいならカラスとかでもいいじゃないか。羽装の研究なら『カラスの濡れ羽色』とか、ほかにも興味のある現象があるんじゃない？」とくどいてみたが、まったく揺るがなかった。もともと、研究室運営はなんでもありでやってきたから、結局、じゃあやってみるかとなった。

あいかわらず向こう見ずのスタートである。カモを飼う場所もない、カモもいない、ないないづくしのスタートである。とはいいつつも、決まれば実行するしかない。また、Ｗくんなら積極的に動くことは間違いない。

まずは、カモをどうやって手に入れるかをＷくんと考える。そういえば、最近アイガモ農法が流行っていることを思い出す。少し、この農法について解説することにしよう。アイガモ農法は、カモが田んぼの雑草を採食する習性を利用した雑草防除法の一つである。毎年田植えの時期に、生まれたてのヒナを仕入れ、二週間後に放鳥し、稲穂が垂れる時期までの約七〇日間田んぼに放ち続け、時期になると捕獲し食肉用にする。カモにとっては、散々草取りで働かせられ最後は食べられるのだから、まったく割にあわない。人間側にも言い分がある。稲穂が垂れる時期になるとアイガモが稲穂を食べてしまうこと、飼育したカモを野生に放してはいけないことによるらしい。いずれにしろ、カモの入手にはアイガモ農法で流通しているカモを利用するのが現実的に思える。と、そこまではよかったが、なにせ大志をもっているWくんは「かぎりなくマガモに近いアイガモが羽装の研究には必要ですね」と、これまたごもっともな意見。実は、アイガモとはマガモとアヒルの交雑個体で、大きさはかなり異なるが、羽色や外観は野生のマガモと類似している。つまり、アヒルの血がかぎりなく薄いほうがカモの羽装の研究には理想となる。言い換えれば、アヒルの血が濃いときれいな羽の色が失せるのである。そこで、またもや問題である。カモの血を濃くするには、できるだけ多くの回数マガモとの交配を繰り返すことになる。そう、手間がかかるぶん、一羽あたりのコストも高いのが当然となる。ただ、羽装がマガモに近い状態のものを研究するには、マガモをアヒルに三代以上交配させた「マガモ羽装アヒル」とよぶアイガモを使う必要がありそうだ。まあ、とにかく方針は決まったのだから、あとはやれるようにやるだけだと、やや開き直る。

さて、そのようなカモはどこにいるのやらをWくんに調べさせる。その結果は、驚きである。なんと四国は香川県にアイガモの孵化場があり、そこが全国展開しているらしい。そうか、注文したらヒナが送られてくるわけだ。それを育てて田んぼに放すしくみのようである。注文はさておき、カモだから水が必要である。この、街中にある美しいキャンパスのなかでカモを飼える場所などあるわけもなく、またしても問題が出てきたが、そこは農学部である。農学とは実学である。理論も学ぶが、その理論を実感するための附属農場がある。わが大学にも全国に誇る広大な附属農場がある。その広さは東京ディズニーランドと東京ディズニーシーをあわせたくらいの大きさである。それを使わない手はない。そこなら、昔ニワトリの平飼いをしていた場所があるし、水場もついている。と、すでに教授の頭のなかでは青写真が描かれた。しかし、普段生活しているキャンパスから一四キロメートルほど離れている。カリキュラムで週一回程度スクールバスに乗って行くだけなら大した距離には感じないが、毎日カモの世話に通うのはたいへんである。少し気の毒そうにいろいろと事情を話し、附属農場しかカモを飼う場所がないことをWくんに告げた。ところが、そこは志の高いWくん、「大丈夫です、自転車で通えます！」ときたから、即、飼育場所については附属農場に決定する。さっそく、研究室のWくん一派は、附属農場の旧ニワトリ飼育エリアをカモの水遊びの場所や運動場などにする整備に取りかかる。

ところで、Wくん一派という言葉が出てきたが、いろんな動物を、さらにいろんな角度から研究しているから、研究室には派閥ができる。といっても、政治家のような勢力争いのために結集する派閥とはまったく異なる。むしろ、助け合いの精神、一種の動物からできるだけいろんな角度の学びをするという精神からの結集なのだ。動物種（カモならカモ）あるいは部位（皮膚ならウマの皮膚、ヤギの皮膚、イルカの皮膚）によってグループができる。それを一派とよんでいる。政治家の派閥は利害でいうと「利・利」というか「テイクアンドテイク」だが、研究室は「ギブアンドテイク」で平等である。さてWくん一派とは、カモの副腎を研究するMさん、カモの脳を研究するTさんがメンバーである。この場合は、カモという動物を中心に派閥ができた例である。Wくんはもちろん羽装の研究であり、この一派の頭である。

いよいよカモの発注である。ここがまた少しばかり不安である。生きた動物の宅配便なんてあるのかという話になった。でも、全国展開しているわけだから注文すれば孵化場がなんとかしてくれるだろうということで、さっそく電話をする。「アイガモのヒナ二〇羽をお願いします」ということで電話をしたら、思ったとおり「はい、発送は明日ですから、届くのは明後日の午後です」となった。「案ずるより産むが易し」である。ただ、やはり生きた動物を運ぶ宅配便は限られている。白猫宅配でもなければ、コウノトリ宅配でもない。聞いたことのない、△△宅配というところで、個々の家には届けない、各地域の宅配センターまでの配送とのこと。やはり、そう簡単ではなかった。その宅配センターは隣の市にある。まあ、それくらいの労力はいとわないとしなければ、少し変わった研究はできない。

そして二日後、カモが届いたという連絡を△△宅配センターから受け、カモのヒナを引き取りに急ぐ。多くの配送段ボールが所狭しと積み上げられている倉庫、集配用の大型トラックが列をなし出番を待つ光景は、まさに運送会社の配送基地である。こんなところに、小ガモが入った箱があるのだろうかという不安を抱きながら、宅配センターの事務所を訪ねた。やはり生き物の取り扱いには慣れているようで、名を告げると事務の職員の方が「はい、届いていますよ。こちらです」と事務室の隣の倉庫に案内してくれ、ヒナが入っているダンボールを渡してくれた。運搬用のボックスのまま受け取ると、なかからガサゴソと生き物の気配がする。箱を開けると、孵化したばかりのかわいいカモ二〇羽がピィピィ鳴き、長旅から解放されようとしている。全部元気そうである。ついにアイガモがわが研究室にやってき

た。

鳥類は、こういうときに都合がいい生き物だとつくづく思う。哺乳類なら、生まれてすぐに親から離したら死んでしまう。ところが、鳥は孵化していきなり四国から一人旅ができるのだ。見上げたものだ。そもそも、ヒナは二〜三日はなにも食べないでも生きられる。孵化するまでつながっていた卵黄嚢をそのままおなかにもちこんで生まれてくるから、そのなかの卵黄を卵にいたときと同じように栄養として取りこめるのだ。ちなみに、この卵黄嚢が小腸とつながっているのだが、その痕跡はメッケル憩室といい、いわば鳥類のへそである。

さて、いよいよ研究開始である。ヒナはまだ羽に色がつかないが、成長にあわせてホルモンの変化などのデータを取りながら羽の色づきとの関連を調べるのである。といっても、その過程をすべて紹介するのがこの本の趣旨ではないので、間はかなり圧縮する。

Wくんが知りたいのは、婚礼羽のしくみである。そもそもカモは性成熟を迎えるまでに半年ぐらいかかるが、カモのオスが繁殖期を迎えると頭部は金属光沢をもつ緑色、胸部では赤茶色、背部は黒色で、体全体がまったく異なる鮮やかな配色となる。これはメスへのアピールと考えられている。このような羽を婚礼羽という。これが、どうしてできるのかを知りたいのである。実は私たちが見ている羽の色は、ある意味では現実にはない幻の色彩なのだ。

Wくんは成長するカモの羽を抜いては、顕微鏡（けんびきょう）や電子顕微鏡で羽の微細構造、色素分析を行い、ついにたどり着いた結論は「センセイ！　カモの婚礼羽は幻の色、構造色です！」という一言だった。そう、繰り返しになるが、羽のなかには緑のような色素がないのである。それでは、なぜ羽がさまざまな光沢を帯びた色に見えるのか。それは、羽のなかにあるメラニン顆粒の層が、太陽光を反射するときに放たれる光波長をカモ特有の色に編みこんでいるためである。いわゆる色素ではなく、カモのメラニン顆粒の層の数がちょうど緑の波長を強く反射するのである。そして、このメラニン顆粒の形成に性ホルモンが一役担っていることがわかったのだ。多くの文献で報告されているが、実感することが生物研究の原点である。W

くんはたどり着くべきところにたどり着いたのだ。拍手喝采。もちろん、この結果を基礎にさらに研究を深め、その五年後にカモの羽で博士の学位を取得するに至った。そして今や某大学の教員になり、研究生活を続けている。

ダチョウは幼形成熟動物（ようけいせいじゅくどうぶつ）だって!?

ダチョウが好きでたまらない、Kさんという女子学生がいた。特にダチョウの顔が好きだと言う。そのKさんは、ダチョウの研究をしたいと言うのである。当然のなりゆきである。好きこそ興味のはじまりである。情熱をもってして、思いがけない発見ができるかもしれない。恋愛でもそうだが、好きになって、どんどん相手が気づいていないよさを発見していく。研究も同じような形で深入りする。まずは、好きになることである。あるいは、好きなことを研究対象にする。それが一番学生の熱心さを引き出すというか、学生が育つことになる。気がついていなかった自分の集中力を発見するのもこの時期が多いように、長年学生を見ていて思う。そんな調子で学生の興味に流されるから研究室のテーマがまとまっていない。それはそれとして、そういえばKさんは目の感じがダチョウに似ているような気がする。彼女はダチョウに自分を見出しているのかもしれない。

彼女はナルシストタイプか？　いや、自己分析タイプか？　Kさんの性格によっては彼女がダチョウをテーマにすることを慎重に考えなければならない。ナルシストタイプだとすると、ダチョウを知るにつれてそのすばらしさを自分に映し出してどんどん自己陶酔（じことうすい）の世界に入り、天真爛漫（てんしんらんまん）さに爆発力が出てきても指導する側にとっては考えものである。かといって、自己分析タイプだとしたら、研究を進める（ダチョウを見つめる）うちにだんだん自分の欠点が見えてきたりして、あの天真爛漫さが消えていったらたいへんだ。それは、彼女にとって大きな財産の喪失になる。彼女の唯一の生きる武器を失うかのようにも思う。なかなか難しい判断ではあるが、教授である私もダチョウには興味がある。ダチョウといえば異国の生き物とばかり思っていたが、昨今は日本にもダチョウファームなるものができていることを聞いた覚えがある。思えばダチョウを農学部の研究対象にするのもまったく不思議な話ではない。

ある日、Ｋさんに「ダチョウを研究テーマにしていいよ」と私。Ｋさんはダチョウのような目をまんまるにして大喜び。許可を出したまではいいが、私はこれまでダチョウといえば動物園でしか見たことがない。ましてや触れたこともない。Ｋさんも当然そうである。このように準備もなく、なにかをはじめることはわが研究室にはよくある話である。ただ、研究室の強みはこれからである。人生は、気づけばたえず出発点でもある。そうと決まればどうすればダチョウの研究ができるか、手当たりしだい相談するのみである。まずは、動物園に電話をしてダチョウの観察ができるのかとか、死んだ場合は体の一部がもらえるのかなど、現場のなかから手探りをする。結局、動物園では事故か病気で死んだ場合には手続きを踏めばできそうだが、そもそもそう簡単に死なない、死なせないということで、ダチョウの死体を手に入れるのは難しいことがわかった。ちなみに、ダチョウの寿命は五〇～六〇年、それを待っていたら卒業論文どころか私が大学にいない。まずは、早くダチョウのいる場所に行ってダチョウを見て考えるか、死んだダチョウのなにかを手に入れたい。やる気があるうちに「ダチョウ」を目標にして、具体的に動き出すのが最善である。そんなわけで手当たりしだいダチョウに関する情報を探していたら、隣県の茨城県にダチョウファームがあることがわかった。

ダチョウに興味があるなしにかかわらず、動物が好きで研究室に来ている学生ばかりなので、研究室をあげてダチョウファームに見学に行く話がすぐにまとまる。Kさんを中心にダチョウツアーが企画され、その週末には一同茨城県に向かう。そして現地へ到着すると、首の長いダチョウたちが、柵ごしに一同を出迎えてくれた。生きたダチョウが柵のなかでたくさん飼育されているのも見事であるが、肉になって販売されている様子やバッグになっている様を見て、これまで知らなかった不勉強を痛感した。聞くところによると、ダチョウの肉は、低カロリー・低脂肪・低コレステロールで鉄分が多く、牛肉と比べて脂肪は七分の一以下、カロリーは半分以下、コレステロールは約三分の二で、逆に鉄分は一・三倍も含まれている。ほかにも、筋肉の維持に不可欠なクレアチニンや脂肪燃焼を助けるカルニチンも豊富なため、私のように体型が気になりながらも、おいしい肉を食べたいと思う人にはいいらしい。また、毛皮はオーストリッチの名で親しまれて、軽くて丈夫な特性と、表面の美しい水玉模様（クイルマーク）が好まれ、バッグや財布、靴などに幅広く利用されているようだ。解説書とともにショーウインドウに並べてある見本は見事である。こんないいことづくしのダチョウだが、日本へ産業動物として輸入されたのは一九八八年らしい。本格的な産業化に向けて大きな動きがはじまったのは、さらに一〇年くらいの年数がかかっている。

そんなことで、ダチョウファームでは大いにみな勉強になったが、まだ目的を達成できていない。Kさんの卒業論文ネタをどう手に入れるかである。肉もよく毛皮もよくて、いわば捨てるところはないといった様子である。したがって、買えばどこの部位でも高そうである。前に述べたように、研究テーマというか研究対象動物はきわめて簡単に決められるのだが、研究をはじめるには重要な要素が一つあることを忘れていた。それは、研究費である。昨今、文部科学省の財政も厳しくて、私が学生だったころの大学教授のように、黙っていても研究室には二〇〇万円も配分になる時代は遠い昔のこと。企業との共同研究をして資金の提供を受けるとか、競争的資金を獲得するといった工面をしないと、なにもできない。したがって、最近の大学教授は金銭感覚というか、企業のような経営センスが多少求められる。

とはいいつつも、私は金銭感覚がないものの臆病な性格で研究室の財政破たんはまぬがれている。さて、そんな経営センスのない大学教授だが、Kさんの好奇心を満たしてあげて、楽しい研究室生活を送ってほしいと思う。反面、さきほどダチョウ革のバッグの値札を見たかぎりでは、ダチョウの体はすべて高そうだ。なんとなく気が重くなる教授である。

まずは、気丈夫に見せつつも内心はおそるおそる、ダチョウファームのスタッフに聞いてみた。

「あの、お肉のほかに毛皮も高価に売れるようですが、どこか捨てるところはあるのでしょうか」と私。なにやら、不思議そうに見つめるそのスタッフに再度「はい、捨てるところです」と私。やっと言葉の意味を捉えてくれたものの、意図が見えないのでなんとなく疑いのまなざしを向けるスタッフ。それを察した私はすかさず名刺を出して、これこれこういう者で、研究のテーマでダチョウの体について興味をもっていることを説明する。自慢ではないが、名刺には宇都宮大学教授　医学博士、農学博士と書いてある。そのためかどうかはわからないが、スタッフの顔から疑いのまなざしが引いて、対応が柔和（にゅうわ）になった。

聞いてみると、本当にダチョウの体は捨てるところがないのである。内臓もホルモンなどに使うので売り物になるとのこと。ちなみに、ホルモンは捨てるという意味の「放るもん」が語源だと聞くが、それもダチョウには当てはまらない。どうやら、頭と足くらいが食べられない、使いものにならないようである。魚なら御頭（おかしら）つきとして高値で売る手もあるが、ダチョウはそうはいかないようだ。

その頭を捨てる話を聞いた瞬間に決心できた。頭だ、頭。「その捨てる頭はもらえますかね」と私。スタッフは、「社長に聞いてみないとわかりません」との回答。当然である。なにやら、奥の事務所に入り電話をするスタッフ。まもなく社長が出てきてくれた。再度、あやしい者ではないと効き目のある名刺を出し、事のなりゆきとダチョウの頭がもらえるかの交渉をする。なんと、再び名刺が効いたのか、社長さんはダチョウの頭を譲ることに快諾してくれたのである。とてもいい展開になったのだが、と殺する日でないと頭がないとのことで、と殺の予定が決まったら連絡をいただく約束をし、その日は大学に戻ることにした。安堵感からか、帰る前にまたゆっくりダチョウの群れを眺める目線は、もはや首から上になっていた。

もともと私は、脳とか眼の解剖が専門である。それならばダチョウでもなんでもいいと一人で思っていたが、まもなくKさんの研究テーマは、私のねらいから外れることになる。

まだダチョウファームの社長さんから電話が来ない、ある日の研究室。Kさんが、私の部屋にうれしそうに入ってきた。「センセイ、ダチョウって幼形成熟動物として進化したという説があるんですよ！　そう、ネオテニーなんです！」と言いながら。私には、いきなりの話でなんのことかさっぱりわからない。たしかにダチョウという動物は、走鳥目という鳥としては飛ばない鳥であることは知っているが、幼形成熟動物として考えたことはなかった。そう言われてみれば、大人のダチョウでもたしかにヒナのような体型をしている。顔つきもヒナ？　というか幼児っぽい。幼形成熟とは、生物が幼若期の形質を保持したまま性成熟を迎え、繁殖もできる動物のことをいう。例としてメキシコサラマンダーが挙げられる。また、メキシコサラマンダーを含むトラフサンショウウオ科の幼形成熟個体はアホロートルである。頭のなかで古い記憶を呼び戻していると、再び「センセイ！」とKさん。「なんだ

い？」と平静を装い、聞き返す。「私、ダチョウの下垂体を研究したいです。ダチョウは飛翔鳥類のまだ飛べないヒナの状態を残して大人になっている幼形成熟動物だとしたら、成長ホルモンや甲状腺刺激ホルモンの司令塔の下垂体がおもしろいと思います」と理論的に出てきたのである。脳とか眼をと考えていた私の気持ちを、彼女はもちろん知るよしもない。もう、すっかりその気になっている。ダチョウが幼形成熟動物であるかどうかは別として、もはや止められない、止まらない。そんな雰囲気である。こうして、またもや研究室に脈絡のない新たな研究テーマが増えたのである。

　その後、ダチョウファームの社長さんから電話をいただき、と殺の日にあわせて頭を手に入れるべく一〇回ほど足を運んだ。Kさんもとても満足そうで、ひたすらダチョウの頭を解剖し、下垂体を摘出したのである。結果的には、Kさんのおかげで、ダチョウの下垂体はニワトリやアヒルに比べ脳全体でみた場合、三倍も大きいことがわかった。さらに、脳幹（のうかん）に対する下垂体の割合はニワトリのそれより七倍も大きいことがわかった。また、顕微観察（けんびかんさつ）では、成長ホルモンをつくる細胞が多いのに対し、甲状腺刺激ホルモン生産細胞が少ないなど、ほかの鳥とちがった様子がみられ、発見が多かった。そのKさんは研究の楽しさが次につながり、とある研究所の技術者として勤めることになった。教授としては、やはり学生の興味にあわせるのが一番だと満足したのである。

　ところで、ダチョウの頭をもらうために足を運んで六回目くらいだったと思うが、私たちのニーズを見て社長さんは、ダチョウの頭が売り物になると気づいたのである。今までは、捨てるとして無料で私たちに譲っていた「頭」に値札がついたのだ。なんと、一つ五〇〇〇円なり。本当にダチョウは捨てるところがなくなった。いや足が残っているが、それにも値札がつく日が来るかもしれない。やはり、経営者は大学教授とはちがって、錬金術には長けている。ただ、読みは甘いかも。私たちのダチョウプロジェクトはKさんの大学院修了とともに終わったのである。無料のものを含め、ダチョウファームからは都合三五個の「頭」を手に入れた。また、ダチョウたちの頭は捨てられているのかなと思う昨今である。

カラスの肉を食べさせられるセンセイ

私の研究室では、いろんな動物の解剖を行う。学生への教育のために行うこともあれば、研究のために行うこともある。農学部の研究は、多くの命をもとに、学生が生命の尊さや不思議さを学んでいく世界でもある。その対象動物を大きいものから挙げると、定番なのはウマ、ウシ、ヒツジ、ヤギ、ニワトリ、カラス、ネズミなどであり、農学部の教育の幅広さがわかる。多くは日常生活で食品となっている動物である。そう、昨今の子どもたちは生産現場を見て育つ環境はまれである。食卓に出てくる牛乳パックしか見たことがないから、牛乳が工場でつくられていると思ってしまう人が多い。普段自分たちが飲む牛乳が、妊娠したウシが子ウシに飲ませるためのミルクを横取りしたものだなんて、考えられない学生も少なからずいる。このような時代だからこそ、ミルクが出る生理的なしくみや妊娠プロセスの理解に必要な子宮や卵巣といった臓器の学習が必要で、やっぱり解剖は大事なのである。農学部の動物領域の研究室からは、県や国の酪農試験場や動物園に就職する学生もいる。動物の病気の治療は獣医師の仕事だが、栄養、繁殖、環境管理のような仕事は畜産学とか動物生産学の出身者が多い。したがって、獣医学科ほどは時間をかけないが、動物の生理学や形態学をひととおり学ぶことになる。

私の研究室は、各教員のテーマにより対象の動物はなんでもありになる。ちなみに、今年、研究対象として挙げられている動物はヤギ、カラス、スナメリ、コウモリ、タイワンリスである。このように研究対象の動物一つとっても、私の研究室は特に脈絡（みゃくらく）がなく、多岐にわたっていることがわかる。さて、このような研究室には古くから妙な伝統というか慣わしがある。今回の事件は、その慣わしが現代によみがえった事件というか、「そんなもの食べる？」という経験を紹介する。

毎回とはかぎらないが、なにかしら大きな、あるいは多くの動物を解剖した日には、教育・研究に命を奪われた動物の鎮魂と解剖の慰労を兼ねてお浄めを行う。ただ、古くは農学部だから家畜の命をいただき食べるまでの経験をするねらいもあったと聞く。実際、動物を食べるまでの一貫の流れで、初めて自分たちが頂戴した命（食）のありがたさ、奪った命を自分の体に受け継ぐという実感ができるはずである。そもそも、食事前の「いただきます」は命があった食材への感謝の言葉といわれているが、それが実感できる究極の経験になる。

そういえば、私たちが学生のころは解剖室から少し離れた中庭で、先輩と思しき人がなにやらたき火とはちがった釜戸のようなものを準備しているのを何度か見たことがある。そして、大学院生らしき先輩が白衣をまとっているものの、解剖というよりはお肉屋さんのような動きをしていたのを思い出す。やがて、実習の後半になり学部生もスケッチなどがやや終わりかけになると、重々しく、サンプル採取という雰囲気でロース肉やヒレ肉などを外しにかかるのだった。さも筋肉のはじまりと終わり（起始、停止という）を調べるかのように確認しているが、実はごちそうになる肉をできるだけ無駄なく採取しながら品定めをしていたのだった。

事情を知らない学部生は、白衣姿で髭もろくに剃っていない先輩を研究に没頭しているあこがれの存在として見ていたものだ。まさに、なりふりかまわずなにかに没頭している研究者のイメージである。ところが、その実態は私が研究室に所属してわかったのだが、単純に解剖慰労会の肉を取りに来ていただけなのだ。のちに私も先輩同様にサンプル採材のようにふるまって、お肉をゲットする術を身につけてしまったのである。

ちなみに、と殺後すぐ食べる肉はおいしさでいえばそれほどではない。ただ、当時はみな貧しい生活で、肉にありつける好機が解剖実習の日くらいのものであった。学年も進み畜産物加工学なるものを修めていたこともあり、実習で頂戴した肉の三分の二は一〇日ほど解剖室脇の大型冷凍室で熟成させてから味を堪能したのは昔の話である。

現在は、残念ながら決められたところ、つまりウシやブタなら「と畜場法」、鳥なら「食鳥処理の事業の規制及び食鳥検査に関する法律」に基づく施設において処理されたもの以外口にしてはならない。だから、大学がご法度を破るわけもいかず、この習慣はなくなっている。幸い、冗談で学生に「どうだい、これ持って帰るか？」と言ってバラされた肉の塊を差し出すと、汚いものを見るまなざしで「いりません」とくる。今の学生は、やはりお肉はスーパーで手に入れるものと思っているようだ。なんでもそうだが昨今は、舞台裏が見えないし教わらないので表向きの顔だけ見て就職し、「こんなことをするために入社したのではない」といった発想で早期に会社を辞める若者が多いのもうなずける。

さて、そんな時代の流れで、最近の実習では解剖した家畜の肉をその日に食べることはなくなったが、やはり鎮魂と慰労の会は続いている。教員が飲み代を出し、夕方に手の空いた学生が素材を買ってきて鍋物やらサラダやらをつくりだすのである。こういうときは、古株の大学院生が舵取りをしている場合が多い。今回の事件は、その大学院生Ｔくんがしかけたのである。

ある日、三五羽のカラスを解剖した。実は、私の研究室ではカラスの解剖をよく行う。ほとんどが研究のためである。カラスは頭がよい動物のため、脳のつくりを知る目的の解剖、鳴き声を出す鳴管（めいかん）を調べるための解剖など、いろいろ目的はある。一方、市町村で野生鳥獣駆除のため撃ち落とされたカラスの胃の解剖もする。カラスがどんなものを盗食（とうしょく）しているかを胃の内容物から調べるのである。農作物被害の実態を把握する確固たる材料となるのだ。有害鳥獣駆除は、毎年二回、六月初旬と九月中旬にある。ちょうど、田植えや作付けも終わり、それらがカラスにいたずらされたり食べられたりしないように、その時期になるのだと思う。早苗がある程度根づき、淡い緑の絨毯（じゅうたん）が一面に広がり、時折、水田の水が陽を返してキラキラする美しい風景のなか、カラスにとっては悪夢のような一日が繰り広げられるのだ。

その日は、宇都宮市の東隣に位置するH町の駆除の日であった。カラスの受け取りはH町役場の駐車場で夕方四時から行われた。本来は、撃たれてすぐのカラスがほしいが、ハンターさんの活動の場をウロウロして流れ弾に当たってはいけないとのことから、受け取りは狩猟が終わった時刻となった。夕方、私は一人の学生を連れ、役場に向かう。少し早く着いたが、まもなくオレンジ色の安全ジャケットを身につけた町の猟友会のみなさんが、それぞれ軽トラックの荷台に収穫物を載せて帰ってきた。全員で八人くらいいただろうか。各自が、「カラスはねらうと気づいて、逃げる」「今回はカワウも捕れた」などおもいおもいの言葉で収穫の感想を述べながら、仕留めたカラスやカモを軽トラックの荷台から下ろし、待機

していた役場の担当職員の前に並べるのである。どうやら、カモに比べたらカラスのほうが難しいが、今日はそれでもよく捕れたようだ。

いよいよ役場の職員による首実検ならぬ、書類に記入である。役場の駐車場にズラッと並べられたカラスとカモの死体。この日は、カラス三五羽（ハシブトガラス一八羽、ハシボソガラス一七羽）、カモ四八羽、カワウ三羽という大戦果であった。この捕獲数は、県に届けなければいけない。最終的には環境省で全国の捕獲数を集計するのである。ちなみに、全国でカラス類は年間三〇万羽捕獲されている。

さて、役場の記録も終わったので、私と学生は用意してきた袋にカラスの死体を種類ごとに分けて入れ、お礼を述べてその場を去り、大学に向かった。出発する前に、大学の待機組に電話をして到着予定時刻とカラスの数を伝えた。あらかじめ、解剖に必要な道具を用意したり作業手順を考えておくためである。解剖室はA准教授と補佐としてTくんが指揮をとることになっていた。

解剖室に到着である。総勢一一人のスタッフがマスクや解剖着を身に着けると、それなりに雰囲気は出ている。解剖台にまずカラスの死体を三五羽、整然と並べる。カラスが三五羽並ぶと見事である。さて、作業については箇条書きにしよう。実は、以下の番号順で手際よく進めないと処理しきれない。

①体重を計り、足と嘴(くちばし)に番号札をつける(のちに頭と体を分けるため)
②嘴の先から尾羽の付け根、翼を広げた幅を測定
③下腹部を少し切開しオス、メス判定
④胃を取り出し内容物の確認と撮影
⑤必要に応じて精巣や卵巣の採取

解剖室には、「ハイ、番号つけたよ」「じゃ次、一〇番は体長計測」「五番カラスはメス、記録お願い」など、それぞれの担当から記録係に声が飛ぶ。たとえるなら、競り人の元気な声と競り落とす仲買人の声が飛び交う漁港の競りみたいな雰囲気もある。一連の作業をする

なか、数人の学生には解剖よりお浄めの準備を優先してもらい、買い出しなどの準備を頼んだのである。

カラスの性別の判別は手間がかかる。そもそも、全身が真っ黒のカラス、オスかメスかはおなかを開けて精巣とか卵巣を確認しないとわからないのである。読者のみなさんも、カラスを見ただけであれがオス、あれがメスとわかる人はそういないと思う。実は、おなかを開けてみても判定は難しい。カラスは一定の時期にだけ子どもをつくる季節繁殖動物である。なにせ、もう繁殖時期は終わっているから、精巣は米粒大、卵巣もそれに近いのである。そう、空を飛び回る生き物は必要な時期が過ぎれば劇的に生殖腺を小さくし、体を軽くするのである。その小さくなった生殖腺を判別できるのは、私とA准教授の二人だけである。ニワトリの世界では孵化したばかりのヒナのオスメスを見分ける初生雛鑑別師という職業があり金になるが、カラスの性別がわかったとしてもまったく金にはならない。とはいうものの、時期外れに精巣が大きいカラスに出会うと、宝物を得たかのような気持ちになって、「これは大きいぞ！」とか言って元気になるのは不思議である。

やがて作業を終え、研究室に戻ったら、すでにいいにおいが立ちこめている。まずは冷えたビールで乾杯といく。なにせみな疲れているから、つまみは簡単な肉の炒めもの。普通の

学生なら解剖のあとは食欲がなくなるが、解剖の研究室に来る学生は解剖のときから「ここはうまそう！」などと頭のなかはすでに「食」モード。みんなこぞって箸を動かしている。料理のなかにはハム、ソーセージなどが野菜の隙間から見え、一見は普通の料理である。しかし、そのなかになにやら噛みごたえが今まで経験がない感触で、味もブタやウシとはちがうがコクがある肉が交じっている。Tくんが「センセイ、その肉の味はどうですか？」と聞いてきた。私は「今まであまり食べたことがない感じでなんともいえないね。でもまんざらではないよ」と答えた。するとTくん、ニッコリしながら「センセイ！　その肉はカラスです！」ときたのである。やはり、伝統は生きていたかと思った出来事である。どうやらTくん

は、解剖の合間にまだ撃たれて時間経過が長くないものを物色し、胸肉を頂戴していたようである。その後、カラス肉を食べる会を開いたりカラス肉を料理する本を書くなど、Tくんはすっかりカラス肉に取りつかれてしまった。実は、このカラス肉はあなどれない。家禽の数倍、魚介類に劣らぬタウリンの含有量である。タウリンといえば、女性の肌をきめ細やかに維持する成分である。高級ジビエ料理として、美肌健康に興味津々の女性に人気が出るかもしれない。

コラム3　ブタの肉が食べられなくてもカラスの肉は食べられる

私たちは、普段なにげなく動物の肉を食べているが、それは食の安全・安心が守られるしくみと法律のおかげである。家畜の肉は「と畜場法」で定められ、感染症やその他の病気などをもっていないことを獣医師が一頭ずつ確認して、衛生的に処理された肉が市場に出る。ただ、これは家畜に適応される法律であり、野生動物は対象外である。まして、カラスにいたっては捕まえたあとのことは、法にはなにも記載がない。つまり、どこでどう処理しどう使おうと法に触れることはないのである。その意味では、実習に使ったブタ肉をあとで食べたりしたら一大ニュースになるが、カラスを食してもなんら問題ないことになる。ただし、最近は野生動物の捕獲も盛んであり、それと関連してジビエブームでもある。したがって、シカやイノシシを念頭に「野生鳥獣肉の衛生管理に関する指針」が2014年に出され、野生動物の肉を食べる場合の留意点が細かく示された。たしかに、野生動物は人に管理されていないから寄生虫や病気をもっている可能性がある。ジビエを楽しむにしても安全・安心があってのこと。野生動物を食べる際は気をつけたいものである。ところで、その指針にもカラスについての言及はない。

センセイ！水牛の眼をもってきました！
～エジプトから水牛の眼がやってきた～

大学には、外国からも学生が来る。国際化と言われて久しいから当然でもある。特に、大学院生が多い。私の所属する大学は学生数が総勢四五〇〇人程度の中規模国立大学であるが、それでも留学生は三〇〇人以上在籍している。ある年にエジプトから留学を希望する趣旨のメールを受け、いろいろやりとりをした結果、迎え入れることとなった。そのエジプト人は、ザガジグ大学の獣医学部の講師だという。途上国などでは日本とちがって、博士の学位がなくても講師のポジションについている研究者が多い。その彼らは、日本やアメリカなど研究設備の整った国の大学に留学し、博士号を取得するのが目標でもある。戦前から一九六〇年代の日本の若手研究者もアメリカにあこがれ、頭脳流出と言われるくらいに若い研究者の目がアメリカを向いていたが、それに似たようなものかもしれない。それはともかくも、古代四大文明発祥の一つをつくったエジプトである。優秀な人にちがいないと思い、留学生として受け入れる決断をしたのである。それが、これまた意外な展開でエジプト人に翻弄（ほんろう）されることになるとは、予想することはできなかった。

先方「Hello, thanks for accepting me（受け入れありがとうございます）」、こちら「It's my pleasure（どういたしまして）」などとメールで順調にやりとりしているころは、国際化のムード満点。とはいいつつも、遠い未知の国とのやりとりである。相手は講師。日本なら所帯をもつくらいの年齢と地位である。既婚者かなと気になる。迎え入れる側としては、独身がいい。というのは、家族で来られると家族用のアパート探しや買い物のお手伝いなど、研究以外のお世話が膨大に増える。受け入れの当初から、子どもの着替えやら紙おむつやらを買いに奔走(ほんそう)することになるのだ。それでなくとも、到着してからの入国管理局の手続き、健康保健の手続きなどなど、日本で生きていくため、いわばサバイバルの手続きを手伝うようなスタッフもいない。受け入れ教員がすべてをやらねばならない、なんとも貧困な国際化なのである。大学教員は受け入れ後の支援体制の充実を求めているのだが、政府は外国人留学生受け入れ三〇万人などの数値目標をたて、現場の教員の負担を増やしていく。困った政策である。

それはそれとして、やってくる留学生にとっては本国の年収に近い給付型奨学金を日本政府から毎月もらい、節約して生活すれば本国の身内を養うぐらいの額を送金すらできる。だから、来日のチャンスはつかみたいし、つかんだらそのチャンスを有効に使うというしっかり者が多い。そのため、彼らは同じ専門領域の日本人研究者、特に大学教授を探してコンタクトを求めてくる。国際的な専門誌に論文を出している場合、それを手がかりに当方の大学やメールアドレスなどわかるのだろう。最近は論文にメールアドレスを載せ、その論文に興味をもった研究者がすぐに連絡を取れるようになっているのが一般的である。そのせいもあってのことか、メールがどんどん来るのである。どんなメールかというと「Respectable Sensei, I would like to study under your supervisor（尊敬するセンセイ、私はあなたの指導のもとで学びたい）」という感じで、日本の私のところで博士号を取りたいというラブコールである。たいてい、アジアの国からの連絡が多い。特に、一時はバングラデシュが多いときがあり、私の研究室でも同時に三人のバングラデシュの学生がいたことさえある。

さて、実は今回登場するエジプトからの留学生は、これまた事情が複雑である。留学にもいくつか種類があり、今回のケースはエジプトの大学に学籍があり、大学院博士課程四年のうち、日本で三年、エジプトで一年研究して博士号を取るしくみである。学位もエジプトの大学から出る。そして、エジプト政府による国費留学である。名付けてトンネル式留学制度である。なにがトンネルなのかはわからない。日本政府の国費留学とちがって、こういう場合は大学がほとんどノータッチであることを知らないまま、私は受け入れてしまったのだ。日本政府による国費留学の場合は、不十分ではあるが、成田空港に迎えにいくこととか、外国人登録などのお世話は大学の国際交流課の職員がある程度付き添ってくれる。しかし、エジプト政府による国費留学の受け入れについては、そんな恩恵はまったくない。そういった雑務が、なんとすべて受け入れ教員のボランティアでまかなわれるというしくみなのだ。

それはそれとして、さらにこちらの想定を超えることが起きた。受け入れるにあたって、メールでやりとりした初期の段階では来日は留学生本人だけということであった。だから受け入れも前向きに考えたのだが、その話がまとまって間もなく、来日の一カ月前に結婚して二人で来るというメールが入ったのである。そんなことは聞いていない。まるで詐欺にあったみたいな感じである。仮の宿も一人用のアパートをやっと確保したばかりである。そう、留学生はこちらの苦労も知らずにとにかく要求が多い。二人で行くことになったから部屋数の多いアパートを準備してほしいなどと言いたい放題。留学のチャンスをつくったのはこちらであるが、外国人は淡々と自己主張をしてくる。腹はたっても、やることを早くやらなければ話はこじれるばかりである。早々に不動産屋に直行である。わけを話し、少し前に押さえた部屋をキャンセルし、夫婦用の間取りのものを探してもらう。下見もするから結構時間がかかる。これも大学教授の仕事と自分に言い聞かせつつも、なんだかしっくりしない。

さて、なにかとゴタゴタがあったものの、いよいよ来日である。成田空港での出迎えは准教授のA先生にお願いした。このように成田から宇都宮まで連れてくる者、着いてからの準備をする者など、研究室総動員である。学生と私はアパートのカーテンやら当座の食料の買い出しやら、まるで研究とは関係ないような作業である。国際協力とは、ホスピタリティーが大切だとつくづく思った。カーテンは、腹いせに新婚さんにお似合いのピンクを選ぶくらいの気の回しぶりに自分でもビックリ。手伝いの学生には飯もおごらなければならない。おそらく、カーテン代や食事代のレシートを取っておいてもエジプト政府は払ってくれないだろうと、根っから請求はあきらめる。

　さてさて、予定よりだいぶ遅くなってそのたいへんな留学生と奥様がご到着となったが、不思議なことに気づいた。よく見ると、A准教授が出かけていった大学の公用車とはまったくちがう車で帰ってきた。まさかエジプトからマイカーを！　そんなことはない。大学の公用車は一〇年くらい前のセダンだが、乗ってきた車は新車に近い八人乗りのボックス型である。いったいなにが起きたのだ。瞬時にはまったく想像がつかない。が、たいへんなことが起きたことはA准教授の報告で理解できた。実は、成田からの帰路、中央分離帯に乗り上げ、どうにも進退窮まったようである。車の破損もあり、動かなくなったとのこと。大学の車をレッカー車で修理工場に運んでもらい、レンタカーで大学に帰ってきたという流れが事の顛末である。その原因は、なんとエジプト人から矢継ぎ早に話しかけられる理解不能の英語であった。わからないなりにも異国に着いたばかりのエジプト人を安心させようと対応す

ると、理解できたのかできないのか、助手席で大きな身振り手振りで話しかけてくる勢いに完全に集中力をなくし、気がついたら中央分離帯の上に乗り上げていたらしい。着いたばかりで興奮もあったかと思うが、そのエジプト人、声が大きい。それも英語が訛りすぎてさっぱり理解不能である。A准教授の顛末も納得至極。さて、とっさにはわからないまでも、その理解不能に近い会話もゆっくり話させれば大筋言わんとすることがわかる。そしたら会話のなかで、本当に知らないほうがいいようなことが含まれていたのが、また喜劇・悲劇のはじまりである。実は、来日直前に結婚して二人で来ることになったこともビックリだったが、おなかにもう一人いるという事実が判明し、二度ビックリ。平気で日本の産科医療は進

んでいるから出産が安心だとか言っている。いったいなにしに来たんだと思う反面、気が早いが私の頭のなかは、通院だの産後のケアは誰がするのかなど、心配事が入道雲のごとく膨らむのだった。結果的には家内が産科病院に付き添い、日本式産湯の使い方を伝授したり、乳児の定期健診に付き合ったりすることとなった。

そういえば、研究の話はまったく登場する間がなかったが、これまたたいへん。留学生くん、どうやって入国管理を通過したのやら、水牛の目玉の瓶詰を三個、目玉にして二〇個を持参してきたのである。「I have brought water buffalo's eyes with me. Here you can see (センセイ! 水牛の眼をもってきました!)」である。試験研究材料を日本にもちこむ際は、入国管理手続でそれなりのことをしなくてはならない。ホルマリン漬けだからよかったのか? あとで面倒なことにならなければよいが……と念じるばかりである。そもそも事前のメールのやりとりでは、ウシの網膜(もうまく)を研究テーマにしていたはず。ウシなら市内のと畜場からでも入手できるから研究展開もしやすい。なんで、水牛なの? と眼の前の眼球の瓶詰を見つめながら沈黙してしまったセンセイだった。それにしても、キャビアをはじめ、丸いものが入っていればゴチソウと思いこむ教授には、ピンポン玉より少し大きめの眼球がびっ

しり詰まっている瓶はなにやら高級食材にも見えていた。

さて、電話とメールでの研究打ち合わせでは「眼・ウシ」がキーワードになっていたが、とにかく水牛の眼がもちこまれてしまった。やるしかない。エジプトの大学での研究テーマも水牛の眼とのこと。ところで、水牛といえばアジアが一般的で、インド、インドネシア、カンボジア、スリランカ、タイ、バングラデシュ、ベトナムなどで飼育されているのだが、エジプトでも水牛が普通に家畜化されているようだ。調べると、紀元前にはアジアから北アフリカにもちこまれている。したがって、エジプト人にとってウシといえば水牛かもしれない。水牛の眼をもってきたことも納得する。ともあれ、そのエジプトからの留学生は、日本で女の子を授かり、水牛の網膜の血管、神経節細胞の分布、輝板（きばん）などを調べ、三年の充実した生活を終えて無事帰国となった。その間、出産だけでなく留学生のエジプトのボスがやたらと様子見に来るのでそのお世話など、語りつくせない出来事があったのは言うまでもない。

最後に、彼の博士審査のためエジプトによばれ、初めてピラミッドを見る恩恵にあずかったが、やはりピラミッドより富士山のほうがよいときっぱり思ったのである。エジプトもイスラム教の国、お酒が飲めない一〇日間ははっきり言って、私にはたいへんつらかったのである。ただ、一～二日は飲まずにいられたのでアルコール依存症ではないことが証明されたのだが、たまらず何度かは教え子である留学生になんとか缶ビールを探してこいという最後の指示を出し、ぬるい缶ビールでさえ飲んでいたから、やはり依存症に近いのかもしれない。ともあれ、水牛といえば乳脂肪分八％の高脂肪乳であるが、その濃厚なミルクを試しに飲んだことやそれをもとにつくったチーズに出会ったことは数少ない慰めであった。

その後、この教え子はエジプトで獣医解剖学の教授になっている。ささやかだが、グローバル化の一端を担うことができたようだ。

美術学生、ウジ虫大作戦でウマの頭蓋骨（とうがいこつ）づくり

美術専修の学生がこんなことをするとは思わなかった。梅雨でじめじめした日の午後だった。見慣れない学生が数人、研究室を訪ねてきた。話を聞くと、どうやら教育学部の美術専修の学生らしい。訪ねてきた理由は、ウマの頭蓋骨(とうがいこつ)を借りたいとのこと。というのも、卒業制作でウマの頭蓋骨の彫刻をつくりたいようであった。そのために、ウマの頭蓋骨が必要とのこと。見た感じも、美術を専攻しているためか、いい感じの着こなしをした女子学生二人と男子学生一人である。ウマの頭蓋骨は数個あったので、貸し出しても実習に困ることはない。そもそも、骨の実習は学期がはじまって早々にあるから、すでに終わっている。二つ返事で、貸してあげることにした。

さて、それから二週間ほどたったある日、また彼らがやってきた。今度はなにかと思えば、自分たちでウマの頭蓋骨をつくりたいとのこと。私の研究室の学生もそんなこと言ったためしがない。そもそも、最近はウマの解剖もやっていないから、相談を受けても材料すら提供できないのである。そんなわけで、材料もないし作製は難しいとの話をする。今度は二つ返事で安請け合いはできない。そもそも、私もウマの頭蓋骨標本をつくった経験がない。昔、肉を削(そ)ぎ落とされた解剖後のウシの前足が解剖室にしばらく放置されて白骨化が進んでいるのを洗浄して、きれいな長骨の標本をつくったくらいが実績である。ただ、これは自然にというかすでに白骨になりかけていたから、実際は洗っただけに近い。そんなことを思えば、ますますこの意欲高き学生たちの申し出に腰が引けるのである。

しかし、美術専修の学生の熱意に見どころを感じた。ここであれこれ理由を言って断り、大学に絶望されても困るというか、学生の意欲は燃やし続けてほしい。そんなことを考えると、とりあえず場所だけでも貸して彼らの意欲を試してみようと決めた。

彼らには「解剖する場所は実習のない日なら自由に使っていいから、まずはウマの頭を手に入れるところからはじめてごらん」と答えた。やはり、前向きな言葉は人を励ますようだ。学生たちはたいへん喜んでくれた。そこで、「ウマの頭はどこで手に入れるんですか？」と普通は聞いてくるはず。こちらもそれは予期していたが、それがないのである。こちらの心配をよそに「それではよろしくお願いします！」と言って、あっさり帰っていった。ウマの頭のことを聞いてこない。まあそのうち、肝心のウマの頭の入手のことを考えていなかったことに気がついて泣きついてくるだろうと、軽くみていた。やはり数日後、彼らが再び訪ねてきた。それ来たなと思い、かたずをのんでいると、なにやら男子学生が大きな包みを重そうに抱えている。一同、曰く「センセイ、ウマの頭をもってきました！」である。

予想だにしなかった展開に驚かされたのが正直なところである。どうやら、彼らは肉屋へ

行って相談したらしい。いわゆるスーパーの精肉コーナーではなく、○○精肉店などの看板がある個人の肉屋であろう。彼らも考えたものだ。まず、馬肉を扱っている肉屋を探したとのこと。たしかに、魚ならカマといってマグロの頭など、結構な値で売れる。ウマの頭はカマにはならないだろうが、顎には、側頭筋、咬筋、顎舌骨筋などバラ肉として使える部分が結構あるかもしれない。ところが、ウマの頭を店頭で売っていることはなく、肉屋のおじさんは学生たちの相談を受け、わざわざ卸の際に仕入れてきたという展開だったようだ。肉屋のおじさんも学生のひたむきさに応えたということだろう。ともかくも、目の前にウマの頭が入った包みを抱えた学生がいるので、解剖室に連れていくことにした。

解剖室で包みをほどくと、たしかに周囲の肉が削ぎ落とされたウマの頭である。ここまでくれば、骨についている肉などを削いだり腐らせたりする作業、いわゆる晒(さら)しをせねばならない。学生たちも少しは勉強していて、できるだけ肉などやわらかなものは削ぎ落とす、煮ると肉もポロポロになり落としやすい、水酸化ナトリウムを使うとよいなど、ポイントポイントは押さえていた。ただ、具体的にそれをどのような案配でどうするかは、誰も知らない。私も前述のように初めてである。そもそも、哺乳類(ほにゅうるい)の頭蓋骨はおおよそ二三個の骨でできているが、ほかの体の部位と異なり、蓋(ふた)を開けられないヤカンや急須のようなもの。脳を入れている脳頭蓋など、なかまでまったく手が届かないのである。そんなことを考えていたら、ずっと昔、医学部の解剖学教室で学んでいたころ、当時の技官のMさんが、「骨の標本は、ウジ虫が一番きれいに骨以外を食べてくれる。最後は骨だけになる」と言っていたのを思い出したのである。昔は人骨の標本もそうやってつくっていたようである。ウジ虫ならどんな隙間でも入っていき、死肉を食べる。そうか、それでいくかと思い、あたかもベテランであるかのように、そのウジ虫作戦を提案した。できるだけ肉を削ぎ、大きなバケツのなかで腐るというかウジ虫がつくまで放置するという作戦である。腐らせるが、においが出るとまずい。置き場所に困ってしまうが、とりあえず解剖室の片隅にウマの頭を入れたバケツを放置。その際、頭を水で浸してしまってはいけない。少し水に浸かってぬれている必要があるが、ウジ虫が繁殖し、腐肉を貪れる環境にしなくてはいけないのだ。ともあれ、一～二カ月様子を見ることとした。放置といっても、放ってはおけない。美術専修の学生と私はときどき見回りをする。

さて、それから二週間くらい経た。くさい。肉が腐るのだから覚悟はしていたが、相当なにおいである。さすがの美術専修の学生たちも、気持ちが悪くなってきたようである。それ以上に、ウマとは関係ない研究室内の学生からクレームが出てきた。実は、解剖室は広くて使い勝手がとてもよい。実習がない日の解剖実習室は、多目的ルームのような存在。なかには本館の研究室から逃れ、解剖台をベッド代わりにお休みと決めこむ学生もいる。洗濯機もあるから、白衣など実験着の洗濯場でもある。とにかく、人の出入りが多い部屋である。やはり、心配が的中したのである。たしかににおう。やむなく、解剖室がある棟の中庭の一角に移動である。あまり日が当たらない場所にバケツを設置する。これがよかったのか、さらに一週間くらいしたら、なにやらウマの頭部に動くものを発見、ウジ虫の登場である。外のほうがハエにとって死臭を感知しやすいばかりでなく、出入りがしやすいのかもしれない。どこから親バエが来たものやらわからないが、ウジ虫になる卵を産みつけてくれたのだ。見

れば、結構いるのだ。ハエよ、どんどん来いという心境になる。それから一週間、もうビッシリのウジ虫がうごめいている。モコモコする白い集団は一匹一匹のウジ虫の境界がなく、白い楕円のビーズでできた布地がうねっている感じである。私がそう見えるのだから、美術専修の学生にはもっと美しく見えているものと思い、「どうだい、美しいね」と言って周りにいる学生の顔を見たら、みんな気持ち悪いものを見ている顔つきである。その顔つきから、踏み入れた世界のおぞましさにやや反省の感を見取った私である。

さて、ウジ虫にさらすこと一月半ほど、馬肉を食べて丸々と成長したウジ虫たちも、立派なハエになりどこかへ旅立ったのだろう。馬肉も食いつくされてしまった。残された骨であるが、ドロドロになった液に一部浸かったままなので、美しく真っ白というわけにはいかない。次のステップは、いわゆる洗骨の儀式である。この汚れた水から骨を引き上げ、丁寧に洗うのだ。結構な汚れ仕事で、学生たちも「やるの？」という顔つきで私の話を聞いている。実は、私もできれば触りたくないのだが、立場上、相当に覚悟はしている。さあ、いざという勢いでバケツを傾け、脇に掘った穴に汚水を流しこむ。土に水分が滲みこんだあと、なにやら沈殿物やウジ虫の溺死したものなどが見えてきた。バケツの底も赤茶黒い感じである。美術の世界に入る前には目一杯汚いものを見る必然がどこかにあるのだろうと思考が働くのである。いや、美を引き立てるプロセスなのだと一人納得する。

　さて、洗骨のはじまりである。とにかく、最後に残ったウマの頭、もはや汚い頭蓋骨をバケツから引き上げ、解剖室の流しに置く。まだまだ、上顎と下顎の間にはヌルヌルとやわらかい組織が若干ついている。もはや美術専修の学生をボーっと見学させておくわけにはいかない。尻込みしている女子学生にゴム手袋とタワシを渡し、「ハイ、洗骨」と言うと、意外とすんなり作業をはじめた。さきほどからの様子ですでにあきらめがついていたようだ。やりだすと、さすがである。細々とした隙間も丹念にブラッシングしている。下顎と上顎を分け、さらに丁寧に洗う。鼻骨の奥を覗き鼻腔（びくう）や眼窩（がんか）も丁寧に、残っている残渣（ざんさ）を取り出すのである。その場は、だんだんにおいがあるのかないのかもわからなくなってきた。「精神一到何事か成らざらん」という言葉があったと思うが、においに関しても同じことが言えそうである。学生たちは、骨からヌルヌルと気持ち悪いものを洗い落としたい一心にタワシで骨を洗っている。少しずつ骨も磨かれ白い部分が出てきたので、それがまた学生の励みになっているようだ。視線が白い部分に向いて、それを広げるようなブラッシングの動きになってきている。こうして、どうにか骨だけの頭になったが、真っ白にはならない。血液などの色素成分や脂質が骨に滲みこんでいるから、なんとなく黄ばんだように見える。さあ、次は脂抜きである。学生たちに脂抜きと脱色が必要なことを説明し、まず洗骨は終了した。

脂抜きは、大きな鍋を用意し、ウマの頭蓋骨をお湯でグツグツ煮るのである。これまた見事な光景である。ウマの頭からスープの出汁を取るような雰囲気になる。鍋から少し飛び出したウマの頭蓋骨が、出汁取りの臨場感を高める。ここまでくると、もはや学生たちも驚かない。まして、作業の結果とゴールの結びつきがよくわかる段階に入っている。要は、仕上げに近いのである。脂抜きが終わったら、今度は漂白剤の液に浸し、滲みこんだ黄ばみを抜く作業に入るのである。

ついに、完成である。白くきれいなウマの頭蓋骨標本が美術専修の学生により完成したのである。彼らはそれをもとに、石を使ったグループ彫刻を行った。卒業展示によばれてわかったが、等身大のウマ頭部の抽象彫刻であった。この彫刻に肉屋との交渉、汚くさい作業、洗骨がすべて化身しているかと思うと、芸術の奥深さと同時に、大学とは自らの探究を育む環境が必要であることを学ばされた出来事であった。

センセイ！車のなかがたいへんです！

毎日カラスを見かけるものの、カラスの研究をはじめるまで彼らを捕まえようなどと考えもしなかった。そもそも、カラスはそう簡単に捕まるものではない。スズメなら、網かごを逆さまにしてその下にエサをまき、ツッカエ棒をしかけてスズメが入るくらいの隙間を空けておいて、スズメが直下に来たらツッカエ棒の紐を引いてかごを倒し、そのなかにスズメを閉じこめるといった遊びを子どものときにやったものだった。それで捕まるかは別として、しかけも簡単なのできっかけとしては取り組みやすい気がする。しかし、カラスにはそんな子どもだましが通用しないことは百も承知である。だから、生半可な準備では捕まえられないので腰が重い。もともと私は解剖学を専門としているため、しかたなく脳、羽、骨、胃という具合にみなで担当を決めて、死んだカラスの体をくまなく調べることにした。死肉に群がるカラスの上をゆく覚悟であった。それで、淡々と解剖に徹しようと考えていた。しかし、その思いは頭蓋（とうがい）を割って大きく充実した脳を見た瞬間から消えてしまい、解剖ではなく生きたカラスを使って学習能力などを知る動物行動学をやりたくてウズウズしていたのである。

そう、繰り返しになるが、その瞬間とは脳の取り出し作業を初めて行ったときのことである。頭部のなかほどにメスを入れ頭皮を剥（は）ぐと、皮膚（ひふ）とは対照的に真っ白く見事に丸みを帯びながらも後頭部が少し張り出し、見るからに脳容積がありそうな頭蓋が目に入ってきたの

である。このなかには、今までに経験したことのないなにかがある。長年の経験でピンときたのである。この張りつめたように薄く充実した骨をペキッと骨鉗子(かんし)で割ると、外に向けて飛び出しそうな脳がきっと入っているにちがいない。ということで、慎重に頭蓋を一部剥離(はくり)する。想像どおり、なかから押して骨までも薄くしたと思えるくらい発達した立派な脳が見えはじめた。さらに鉗子で開創口を広げていくと、海から潜水艦が浮上して姿を現すように眼前の脳の実態がどんどん見えてくる。おもわず「これはすごい！」と脇にいた学生に驚かれるほどの感嘆(かんたん)の声を上げてしまった。それ以来である。賢いと言われるカラスの行動実験を行いたくなったのだ。私の専門は解剖学で、動物行動学のことは知らない。しかし、動物行動学は好奇心と観察力があればできそうである。そんなわけで、カラスの学習行動を研究対象にすること

にしてからというもの、生きたカラスがほしくてすっかり落ち着かなくなっていたのである。

ところが、「求めよ、さらば与えられん」という無宗教の私でも知っているくらいだから効き目のありそうな、新約聖書の一節にある言葉のとおりである。求めていたら、チャンス到来である。ある縁があって、本学の大先輩であり上野動物園の元園長（故人）の中川志郎先生とお話する機会ができた。中川先生といえば私が学生のころ、日中国交正常化を記念して中国政府から二頭のパンダ、カンカンとランランが贈られ上野動物園にやってきたときの飼育課長、別名パンダ課長として高名を馳せた大先輩である。ところで中川先生との話は、当時私がいる大学は学科の改組（かいそ）を計画しており、新しい学科の目玉科目として展示動物学を起こしたくて、中川先生に講師をお願いすることが目的であった。科目開講の快諾を得て四方山話（よもやまばなし）になった際、なぜかカラスの話になったのである。これこそ神のお導きである。なるべくしてなった先生との出会いである。中川先生の話によれば、上野動物園は飼育動物のエサを盗食（とうしょく）されたり、生まれたばかりの幼獣がつつかれ死んだりで昔からカラスに困っていて、カラスを捕獲する罠をしかけ、年間に相当数のカラスを捕獲し処分しているとのこと。なんと、処分なんてもったいない話である。これは好機と感じ、後先も考えずに、そのカラスがほしい旨を話す。そのとき、すでに現役を退いた中川先生であったが、早々に担当の職員に連絡をつけていただき、なんと生きたカラスを譲り受けるルートができたのだ。そこまではよかったが、そのあと上野からカラスを運ぶ方法などまったく考えずの見切り発車であった。

考えてはみたが、段ボールに入れた新幹線輸送や生き物宅配便など、どうも無理があるアイデアばかり。それに一羽や二羽でなく、やはり一〇羽とかまとまってほしいのだ。ちょうどそのころ、私はセダンタイプの車からボックスタイプの新車に乗り換えたばかりであった。そう、私の車で運ぶことになったのだ。新車がカラスの運搬に使われるなんて、家族には決して言うまいと誓いながら、譲り受けの具体化に向けて準備スタートである。当然、この作戦には学生も巻きこむことになるが、上野動物園に行けると聞いただけで学生たちは大喜びである。私の研究室に来る学生の大方は、動物が好きな連中。理想の職場は動物園という学生も少なくない。それだけに、動物園同行の学生は、ただで動物園に入れるまたとないチャンスをねらい、激しいポストの争奪戦になったのは言うまでもない。なにせ、新車の後部にイヌの檻（おり）を入れ、カラスを一〇羽運ぶのだ。乗れるのは助手席と後部座席に一人ずつがやっとである。一応、学生を重んじることを自負他言している私は、「このような機会はこれから何度もあるから、抽選にしたら？」と提案する。結果としてCさんとJくんに決定。

こうしてカラス運搬チームの編成は激戦になったものの、学生間で折り合いをつけてもらい無事成立となった。

まずは、中川先生に紹介された上野動物園のカラス担当のN飼育係長に電話をして事の流れを確認し、カラス運搬の日取りを決める。それは、とある月曜日となった。上野動物園は月曜日が休みなのだ。動物愛を啓蒙（けいもう）する動物園としては、カラスといえども捕獲する罠やその譲渡は人目をはばかる必要があるみたいだ。

さて、当日は汚れることを想定して、新車の後部にビニールシートを敷き、さらに新聞紙を檻の底に用意して掃除をしやすくするなど、万全の準備のつもりで出発。なにせ新車である。東北自動車道を突っ走り、不慣れな東京もナビで問題なく、上野動物園に到着である。休園日ではあるが、園としては当然のことながら動物の管理など日常業務はあるのだ。

電話で聞いたように裏門で手続きをし、管理事務所に向かう。担当のN係長と打ち合わせのあと、いざ罠の場所へ。遠くから聞こえる動物の鳴き声は耳に入るが、休園日の動物園は静かである。まさに動物園の貸切り状態に、CさんとJくんは無言のまま、置かれている状況が信じられないという雰囲気である。しかし、視線はさまざまな動物に釘づけである。管理事務所から罠までは五〇〇メートルくらいの距離がある。その間、ゾウ舎、ゴリラ舎、キリン舎などを通過するのだから、動物が好きな学生にはたまらない。それに、なんといってもただである。もう天にも昇るような気分でキョロキョロと動物舎に目を向けている。そのあとにやってくる車中のカラス地獄など、誰が想像できようか。

N係長の案内で、動物園の建物の間に設置されている罠に着いた。さすがに目立たないよう窪地に設置してある。いるいる。罠のなかには、数十羽のカラスが捕らわれの身がわかっていないかのように舞っている。見事な光景である。なかに入れば、ヒッチコック監督の映画『鳥』さながらの雰囲気になりそうである。現場を確認後、車を取りに駐車場へ戻る。準備万端である。初めてのことだから、N係長に捕獲網の使い方など捕獲の仕方の手ほどきを受ける。逃げるカラスが左右上下に舞う。すかさず、次の動きを先読みして捕獲網を振り回しゲットである。おびえて騒ぐカラスの騒音や逃げまどうカラスの傍若無人（ぼうじゃくぶじん）な往来で舞う抜け毛、さらに糞も飛んでくるので、なかなかの戦場である。しかし、私も間もなく捕獲のコツがわかり、目標の一〇羽に達した。捕獲されたカラスは、車のなかに準備したイヌの檻に押しこむ。せまいのでお互いつつきあいが多少あり、「ギャギャギャ」「バタバタ」とうるさいがしかたない。

とにかく、ここまでくれば宇都宮までカラスたちを早く無事に運ぶことが重要である。カ

ラスを車に詰めこんで、お礼を述べると即、宇都宮に向かう。車の後部は、あいかわらず「ギャギャギャ」と鳴く声、「コッコッ」と檻をひっきりなしにつつく音、「バサバサ」とはばたく羽の音など、とにかく騒々しい音が耳いっぱいに響く。さらに、なにやら鼻に語りかけてきた。なにか、カラスには特有のにおいがあるらしい。酸っぱいような埃くさいような、そんなにおいが新車のにおいと混じってなんともいえない。はじめは、学生たちも「おいこら、うるさい」などと言葉の通じないカラスを嗜(たしな)めていたが、徐々に口数も少なくなってきた。さきほどまでの爛々(らんらん)とした活きのいい顔は、すでに生気が失われている。一〇羽のカラスは遠慮がない。せまいところでつつきあうためか、喧嘩腰の鳴き声である。これがカラスの罵声(ばせい)かな、社会的優劣はあるのかな、などと妙な興味がわいてくる。

そうこうしているうちに、小さな綿埃のようなものが車内にフワフワとたくさん舞いはじめた。騒音、においに加え、なにやら未確認浮遊物体である。Cさんが「センセイ、これって、カラスの綿毛じゃないですか？」と言い出す。そうか、カラスも翼の立派な羽ばかりでなく、胸とかおなかにはフワフワの綿毛がある。綿毛は抜けやすいから、バタバタと檻のなかで暴れているカラスから抜けたのだろう。運転する私の目の前をフワ、スーという感じで横切るものもあれば、車のファンの風で初冬の山風に舞う雪のようなものもある。高速道路に入る手前から車内はこんな感じである。道中は長い。まずは態勢の立て直しが必要である。高速道路に入る前に近くのコンビニに立ち寄り、マスクを購入。持参してきた白衣を着用。さきほど購入したマスクも着用するから、まるで法定伝染病の発生場所へ消毒に出かける家畜防疫員のスタイルそのものである。走り出す前に車後部の内装を見ると、なにかが飛び散り付着したと思われる跡が点状に見える。少なくとも糞ではないことを祈ってよく見たものの、悪い予想が当たっている。なぜか糞が飛び散るのだ。想定外のことに準備不足を猛省することとなった。道中はまだまだこれからである。あれだけ激戦を勝ち抜き喜び勇んで同行した学生たちも、まったく会話がない。私は元気づけねばと、「動物園をただで見られてよかったろう」「これから、このカラスがどれだけ頭がいいか試せるね」とかいろいろ語りかけたりするが、反応はいまひとつである。

とにかく高速道路に入り、蓮田サービスエリアでひと休み。なにやらあやしい恰好であるが、とりあえず白衣などを脱いで、トイレタイムとうがいである。なんだか、喉のあたりに綿毛がへばりついているようで気になってしかたがない。トイレの鏡を見ると、頭にもそれなりの数の綿毛がついている。急遽（きゅうきょ）、安い帽子を買うことにした。帽子を深くかぶり、マスクと白衣を身につける。もはや、家畜防疫員にも見えない。見方によっては、強盗に近い風体である。こんな恰好になったら学生たちは完全防備に安心したのか、元気を取り戻す。こうなれば休憩なしで一気に大学に戻ろうという気力が出て、ひたすら高速道路を飛ばした。

こうして、最初のエリート教育用のカラスは無事に大学に着いたのである。一〇羽のカラスは、本来なら命を奪われる運命であったが、大学にも入れたし学習指導も受けることになっている。だが、地獄から天国という境遇のちがいをまったく理解していないかのように、新しい三×三×二・五メートルの大きな檻のなかでバサバサと飛び回っている。新車のなかは、座席の下に無数の綿毛、内装などに糞の飛沫が多数、掃除機で一回掃除したくらいでは取り切れない綿毛、そして消臭剤でもスッキリしないにおいが残ったのは言うまでもない。なんといっても、生きたカラスを手に入れるのは「Ｃｒｏｗ」な話である。

なんたる誤解、モグラには立派な眼があった！

教室で講義をする際に「モグラを見たことがある学生はいますか?」と問いかけると、最近では見たことがある学生は一割もいない。八〇人が受講する講義で、挙手を求めたら、なんと五人である。大人でもそうかもしれない。もっとも、無理もない。地中での生活がほとんどのモグラは、日中にノコノコそのへんを歩いている生き物ではないから、目にとまることもない。ましてや、道路や空地も舗装され、さらには今の学生は子どものときから塾やら習い事、高学年になれば部活や受験勉強と、とてもモグラに面会する機会などありえないことがわかる。

ただ、モグラは愛嬌(あいきょう)のある姿をしているためか、絵本などに登場することが多い。それも親しみを感じる姿で登場する。たとえば、太陽を見て目がくらみびっくりするモグラが絵本に出てくる。そうかと思えば、モグラたたきというストレス解消の相手にもされる。さて、絵本ではモグラは目がくらむのだから眼があることにはなっている。さらに、そのようなモグラは一人前にサングラスをかけたりしている。はたしてどうかと思い、講演会などで「モグラには眼があると思いますか?」と尋ねると、なにせ見たこともない人が多いのだから、あるともないとも反応できない。多くは、モグラの知識といえば地下生活をする動物という視点から、退化して眼がないのではと思っている。実は、私もモグラの眼はないに等しいく

らいと考えていた。しかし、今から四〇年前、医学部なのに魚からサルまでいろんな動物の脳を集めている研究室の博士課程の学生だったころ、絹の糸くらい細い一筋のモグラの視神経を見て以来、ずっと気になっていたのである。ところが、さすが農学部である。ほぼ半世紀にわたる私の疑問に終始符を打つ救世主が現れたのである。

あるとき、土と動物が好きだというMさんがわが研究室に配属となった。農学部であるから当たり前のことと言われればそれまでだが、土が好き、動物が好き、植物が好きという感じで入ってくる学生は多い。しかし、土と動物が同時に好きという人はわりと珍しい。ところがMさん、土と動物が好きなだけに、逆になにをやったらいいか、的を絞りこめない。その状態でなんでもありの研究室に入ったために、運命的な出会いとなった。まさに、Mさんはモグラに出会うべくして入学したのだと私は思う。

話は少し脇道にそれるが、Mさんが研究室に配属になったころ、私は愛犬ヘンリー（犬種はシェットランド・シープドッグ）を連れて毎朝散歩をするのを日課としていた、というか散歩をさせられていた。ヘンリーは時間に厳格なイヌで、毎日定刻になると私を起こしにくる。はじめは、遠慮がちに前足の肉球をさするかのように、それもややゆっくりと寝ている部屋のドアをノックするのだ。眠くてこちらの反応が悪いと、少しずつ爪が出てくるみたいで、木製のドアをカシャカシャとひっかく。反応しないとそのさするスピードが速まるとともに、さらに爪が出てくるようだ。ひっかく音が強くなるばかりでなく、両足でやるのか、リズムが倍になる。そうなると、どちらがご主人だかわからない状態で、私は彼を連れて散歩をせざるをえない。

「犬も歩けば棒に当たる」であるが、だからこそモグラに出会えたのである。実は、愛犬の散歩中、Sさんという農家のおじさんとの出会いが私とモグラを引き合わせたのである。なにせイヌの散歩は毎朝のこと、それもおおよそ定刻である。毎朝、同じところを通るので、畦畔（けいはん）の草刈りや田んぼの水回りなどをする農家の人とはよく出会う。Sさんもそのなかの一人であるが、彼のふるまいはなにか普通ではない。どういうわけか、あちこちにある土手の穴らしきものを覗きこむという具合で、田んぼの水回りを見るしぐさとはどうもちがう。こちらの散歩も毎日だが、Ｓさんの不思議な行動もほぼ毎日である。顔をあわせるのも毎日だから、はじめのころの会釈だけのあいさつから言葉を交わすようになる。ある日、Ｓさんに「毎日なにを覗いているんですか？」と聞いてみた。そしたら、なんとモグラ獲りをしているとのこと。Ｓさんにしてみれば、田んぼの土手に穴をあけられたり、畑をほじくりかえされたりで憎き相手のようだ。驚くことに、モグラがいそうな穴を見つけ、いくつかの出口を確認し、その一つから水攻めにして別の穴から出てきたところを捕まえるという作戦なのだそうだ。話を聞き、おもわず、戦国時代の終わりごろ羽柴秀吉が備中高松城を水攻めで攻略したことを思い出した。なにせモグラのトンネルは長いもので二〇〇メートルもあるとのこと。行動範囲は四〇〇平方メートルもあり、結構広い。それでやたらと、土手の穴を覗きこんでいたわけだ。それもつかの間、おもわず「捕まえたモグラはどうするんですか？」と私。なんと、足で踏みつぶして殺すとのこと。とっさに私は「よかったら、殺さないで私にいただけませんか？」と反射に近い速さで言葉が出てしまった。そしたら、なんとＳさんから「なにに使うのか知らないけど、いいよ」との返答。モグラが獲れたら、いつでも電話をくれる約束をしてくれた。

話はずいぶん遠回りになったが、Mさんが研究室に配属になった時期と私がSさんからモグラをもらえることになった時期が偶然にも一致したのである。Mさんはさきほど紹介したように土と動物に興味があるが、それだけに研究対象を絞りこめないというか漠然（ばくぜん）としていた。もう、Mさんにはモグラしかないのだ。さっそく、Mさんをよんで、「どうだね、卒業論文にモグラというのは？　それも、モグラの眼の研究だよ」と私。Mさんは、「モグラって眼があるんですか？」と聞く。「それを確かめるのさ」と私。Mさんはなにをどうするかはわからないようだったが、モグラを相手にすることは喜んでくれた。このときから、Mさんは米粒ほどのモグラの眼と向き合うことになった。

そして、ついにSさんからわが家へ電話が入り、家内がモグラを引き取ってきたとのこと。そうだ、職場ではなく自宅の電話番号を教えていたし、家内にはそのことを話していなかったのだ。いきなりのことで「どうしたらいいの？」という家内の不安そうな声。そう、家内も都会育ちで、運命のその日までモグラを見たことがなかったようだ。

明日、一緒に大学へ出勤するまでは、生かしておきたい。あらかじめ調べておいた知識では、なにせひたすらトンネル工事に明け暮れるモグラは、体力を使うだけに貪食（どんしょく）で餓（う）えに弱

いとのこと。体重は五〇～一二〇グラムと幅が大きいが、いずれにしろ一回に食べる量は自分の体重と同じくらいで、一～二時間ほどエサにありつけないと死んでしまうらしい。おもに、ミミズなどを食べるとのこと。ここまでの知識で、家内にミミズを探せるだけ探してモグラにやるように指示する。

家に帰ると、子どもたちが大騒ぎしている。モグラが入っているバケツを覗きこみ、ミミズをモグラにやる順番の奪い合い。子どもたちの手は土だらけ。脇の空き缶にはラーメンの大盛りほどのミミズがいる。正直、気持ちが悪いが、家族に感謝である。そう、モグラは塩化ビニルのバケツに土が入った状態で届けられていたのだ。姿は見えないが、土の表面が浮き上がりバケツのなかを移動する様子を見ては、子どもたちの感嘆の声。バケツの土に放り入れたミミズがあっという間に土に引きこまれていく光景は、モグラの貪食さが生半可ではないことを連想させる。子どもたちも、ミミズが姿を消すとともに「おおっ！　おおっ！」と雄叫びのような声をあげている。もちろん、短い間だが土を減らし、子どもたちにモグラの姿を見せたのは言うまでもない。外側を向き、体のわりには大きく厚い手のひらを使ってバケツの土を掘る姿はユニークである。さて、大騒ぎをしながらも無事に朝を迎え、モグラとともに出勤することとなった。

ところで、日本にはモグラは四属七種生息しているが、大半は西日本に多いコウベモグラ、東日本に多いアズマモグラである。北海道での生息は知られていない。わが家に届けられたモグラはアズマモグラであった。そのアズマモグラくん、大学に着いてからはたいへんな運命をたどることになるが、踏み殺されるよりはずっとましな最後を迎えたことは間違いない。

さて、いよいよMさんがモグラの眼を研究することになった。地下生活だから眼も耳も退化している。はじめは、どこに眼があるのかわからない。よく見ると、本当に米粒大の眼らしき部位がある。少し薄皮を被っているから、余計に見づらい。とにかく、その部位を外科的に取り出し、顕微鏡の世界に登場させることになった。小さいものだから、やはり取り扱いにも気をつかうが、Mさんはその米粒大の眼をさらにミクロトームという機具を使い、数マイクロメートルの世界に分解することになった。それには、根気と手間がかかる作業が多いし、うっかりして紛失することもありうる。小さな小さなお宝を扱うようにして、ミクロの世界にモグラの眼をもちこんだ。

そして、顕微鏡を覗くMさんから「センセイ！　モグラには立派な眼があります！」という声が聞こえてきたのだ。どれどれと、私も顕微鏡を覗きこんだ。なんと、私たちがもっている眼の基本構造がモグラの眼にもはっきりとあることがわかった。顕微鏡をとおして、角膜、レンズ、水晶体、網膜がはっきり見える。そして、網膜には神経節細胞が七〇〇個ほどあることもわかった。とはいうものの、私たち人間のそれは一五〇万個もあるのだから、モグラは物が見えているかといえば、それは否に近い。ただ、光を感じている可能性は大である。なぜなら、Mさんは光を感じるロドプシンというタンパクの存在も明らかにしてくれたのである。モグラの眼について調べている研究者は世界にも何人かいるが、それらの報告にも光受容タンパクの存在が示されている。さらには、視神経の脳への到達点も明らかにされ、その一カ所は視交叉上核という視床下部の概日リズム形成を中心的に担う場所である。私たちの体は二四時間に近いリズムでいろんな営みをしているが、そのリズムづくりのセンターに光が直接届いているのだ。地下生活者といえども、地上環境の昼夜を知ることは身の安全を守るためにも必要な情報であるのだろう。それはともかくとして、サングラスをかけたモグラの絵は理にかなっているのだと思うに至った。

ところで、Mさんの研究は最初の一頭のモグラで済むわけはなく、Sさんからは一五頭ほどいただいたが、そのつど、わが家は大騒ぎであった。何度見ても、バケツの土が盛り上がって動く様子は、その下の生き物が直に見えないだけに、子どもたちにとっては想像力が強く刺激されるようだ。おかげで、わが家の子どもたちは同じ世代の子どもたちがほとんど見たことがないモグラとの触れ合いを楽しむことができた。

コウモリ捕獲作戦、老教授 学生に勝る

ひょんなことから、研究室でコウモリを研究することになった。そのきっかけは、こんなことからであった。仕事柄、私をはじめスタッフは、変わった生き物の死体、あるいは新鮮な死体を見つけると、おもわず拾い上げて研究室にもちこむ習性がある。その日はA准教授がアブラコウモリ（イエコウモリ）の死体を拾ってきた。このコウモリは家に棲みつく、身近でやっかいなコウモリである。したがって、夕方になると家の周辺でヒラヒラ飛んでいるコウモリはアブラコウモリである。

ちなみに、わが家でもこのコウモリにたいへんなことをしでかされたことがある。イエコウモリらしく、わが家に棲みついたのである。ある晩、家に帰ったら、家内が「なにか二階でヒラヒラ飛んでいるの……追いかけたけど、どこかに逃げられてしまったわ。なにかしら？　蝶々よりは敏捷（びんしょう）みたいだけど」などと暢気（のんき）な話をする。「そういえば、二階の北の部屋にあるエアコンの下に、ときどきごみが落ちているの」という話もさらに加わる。きわめつけに、「動物の糞かなにか、小さな粒が落ちているときもあるわ」と話が続く。そこまで聞くと、動物科学をかじっている私である、それはあやしいと思い、点検するべくエアコンのカバーを外した瞬間、ヒラヒラの生き物が出てきて大騒ぎとなった。結局、あまりにも長い間棲みついていたようで大量の糞などがあり、エアコンを丸ごと取り換えるというたいへんな被害にあっているのである。

その点からしたら、まったく珍しくもない迷惑なコウモリなのだが、死体の状態がよいのでおもわず拾ってきたようだ。もっとも、身近にいるといっても普段目の前で見ることはないので、学生たちはA准教授を囲んで「どこで拾ったんですか？」「小さい！」「毛がフサフサ！」「かわいい！」などたわいもない言葉を飛ばしている。たちまち、A准教授は学生に取り囲まれたものだから、ご満悦の顔で「犬もあるけば宝物に出会うさ」なんて、気が利いているのかダサいのかわからない返答をしている。とりあえず、なにに使うかわからないが、お宝を貯蔵する冷凍庫に保管となった。そう、研究室にはお宝、つまり死体を入れておく専用の冷凍庫があるのだ。そこは、お宝がいっぱい詰まっている宝箱なのであるが、貯蔵されたあと、用途もなく忘れ去られたお宝が眠っている場合もある。

その日のコウモリの話はそこで終わったのだが、それから一カ月後の研究室のゼミ会議のことである。研究室ではゼミを毎週行うが、ゼミの終了後に研究テーマの進捗、行事、お茶代の集金など、そのつどの事柄をみなで話し合う時間がある。

その日は、研究室に配属（分属）されて間もない三年生のプレ卒業論文課題を決めることになっていた。新たに分属された三年生は九人、それぞれの個性と卒業論文にかける温度差を考慮して学生の研究課題を考えるのは、大学教員の醍醐味の一つでもある。なぜなら、学生というか人を見抜く力の発揮どころだからである。つまり、研究テーマの作業に求められる緻密さ、持続性を想像し、そのイメージと学生個人のマッチングがうまくいくと学生もハッピー、教員も事が順調に進むからハッピーである。少し前に流行った、ウィンウィンの関係ということかもしれない。思いが外れればどちらもアンハッピーである。私は、そのように考えて学生のテーマを絞っていくのだが、やはり人を見る目はないようで、うまく卒業論文研究が進まない学生が多く、年中やきもきしているのが現実である。

さて、話をコウモリに戻すことにしよう。Ａさんという学生がこともあろうに、コウモリをテーマに卒業研究をしたいと言うのである。Ａ准教授が拾ってきたコウモリのことが気になっていたらしい。まあ、三年生のプレ卒業論文課題は、お試しではじめてみたものの作業や研究そのものがたいへんだと感じ、方向転換も多い。いずれ気持ちが変わるかもしれないが、死体もあるからやってみることにした。Ａさんは、しばらくはコウモリの翼の規則的に生えている毛について、調べることにした。毛皮を見るだけだから、死んで時間が経過しても観察に耐える形は残っているのだ。さて、Ａさんは丹念に調べて、特殊な毛の生える規則性などをまとめたゼミの発表もうまくこなしたのだ。まずい、Ａさんの発表の出来栄えからして、これはこの死体一つでは終わりそうもない。卒業論文の本テーマもコウモリにしたいと言いかねないと思った。ずばり、予想は的中である。四年生の進学時に、さらに卒業論文テーマの確認をするが、Aさんはきっぱり「私、コウモリの研究をしたいです！」ときたのである。すでに、研究室でも身近な雰囲気になっているコウモリである。断わるすべもなく、コウモリと研究室が接近することとなった。

ところが、目の前や家のなかをヒラヒラする珍しくもないコウモリを使って実験しようとなると、たいへんな障害があることに気がついた。そもそも、目の前に飛んでいても簡単に網に入ってくれる生き物ではない。相手は、超音波のソナーをもっているのだ。簡単に障害物や捕獲網を察知し、回避できるのである。また、家に棲んでいるからといってもわが家のケースのように簡単には正体を見せない。見せたところで、私もできなかったが、家のなかですら追いかけ回しても捕まえられなかったのだ。それをフィールドで追い回して網でゲットなんて、ありえないのである。さらなる障害が見えてきた。迷惑なコウモリではあるが、野生動物である。捕獲許可を県から取得しなければならない。しかし、このような手続きの必要性などを感じて、社会勉強をするのも卒業論文である。必要な手続きを済ませ、首尾よく捕獲許可が下りた。許可が下りる前に、時間の無駄を避けるべくコウモリのいる場所の調査である。いくらなんでも、普通の家に行って「お宅にコウモリいませんか？　いたら捕まえてあげますよ」と訪ね歩くわけにはいかない。

実は、私にはすでに目星をつけていた場所があった。酒好きの私は、洞窟でお酒を保存して熟成させている、栃木県では有名な酒造元を知っていたのである。まさか、こんなことになるとは思わなかったが、お酒ねらいでその洞窟を訪ね、コウモリがいることも知っていたのである。今度はコウモリねらいだが、コウモリ獲得の可能性を求めて休日に酒造元の洞窟を訪ね、まだコウモリがいることも確かめ、現地の担当者にコウモリ捕獲の可能性を打診した。この洞窟は、休日にお酒を貯蔵している様子を一般にも開放し、即売会を行っているのである。したがって、交渉前にお酒を購入し、さらに宇都宮大学の教授で、コウモリは学術研究のために使うことを説明するという二重のセーフティーネットを張ってのことである。

担当者は、「現場の一存では判断できないので、社長や洞窟の地主さんに聞いてみないと」という当然の回答である。当方も「もちろんのことです。お返事はあとで結構です」と丁重にお礼を述べ、結果を電話連絡してもらうことにして帰った。お酒は洞窟で寝かせた純米吟醸四合瓶で二〇〇〇円なり。コウモリの交渉にはやや高いが、自分が飲むので納得である。

酒造元から音沙汰（おとさた）がないので洞窟での捕獲に気をもんでいたが、それから三週間後、担当者から電話が入り、コウモリ捕獲のＯＫが出た。すでに県からも捕獲許可は下りていたので、酒造元の担当者からの返事を待つばかりになっていた。これで捕獲作戦実行である。

次の日曜日、女子学生五人と私の計六人のコウモリ捕獲隊は洞窟へと出発。事前の連絡の際、捕獲時には一般の観光客もいるので騒がないこと、白衣とかマスクとかをまとって仰々しくならないこととの注意があった。なにせ、洞窟のお酒は安定した低温で、静かで薄暗い神秘的な洞窟のなかで熟成させて、価値を高めているのである。そのなかで白衣を着て、「ホレ、アッチに逃げた！」「今度はコッチダ！」「捕まえた！」「ヤッタ！」などと声を出し、昆虫取りに来た無邪気な少年のようにふるまわれては、酒造元もイメージダウンでたまったものではない。したがって、普段着に捕虫網、さらには大きめの虫かごをもっていくこととした。それならば、少し歳は進んでいるが、童心に帰ろうとしている女子大生がサークル仲間と当地に遊びに来ていて、ちょっと試飲がてらお酒を見に来たぐらいの雰囲気で収まる。

その洞窟は那須烏山（からすやま）市というところにある。大学から一時間ほどで到着である。手土産に用意したドリンク剤を酒造元の現場担当者に一箱渡し、洞窟入りを果たす。なかには、貯蔵されたお酒や洞窟を見に来ているお客さんがすでに何人かいる。これでは、コウモリを追

いかけ回すわけにはいかない。少し進むと迷路ほどではないが、かなり入りくんで洞窟が続いている。初夏のころであるが、なかはひんやりして気持ちがいい。洞窟の通路脇には木枠に納められた一升瓶がいくつも並べられている。かなりの本数である。幸い、観光客の案内通路は入り口からまもない範囲で終わっている。その奥のさらなる洞窟の通路は一般立ち入り禁止区域であるが、捕獲隊はそこへ入ることが許されている。お客の気配が消える奥へと進む。お酒の木枠は何枠も並べ積まれている。どうしても銘酒の山に目を奪われるが、ねらいはコウモリである。学生たちも、最初は未知の世界のため、好奇の目でキョロキョロしていたが、コウモリ捕獲の使命を思い出したとみえる。コウモリ探しの目つきになっている。はじ

めは、薄暗くてわからなかったが、よく見ると天井の岩に足を引っかけ逆さにとまっているものや、われわれの侵入に驚いているのかヒラヒラ舞っているものもいる。

さて、わが捕獲隊の腕前を拝見というところである。補虫網を伸ばし、いざ戦いがはじまった。Dさん、ヒラヒラ舞うコウモリをめがけて、ひと振り、またひと振り。Fさんも空振り。天井にとまっているのをめがけ、補虫網を覆いかぶせるように振りかざすのだが、まったくかすりもしない。コウモリは意外にすばやい身のこなしである。結構な運動になるらしく、三〇分経過後、収穫ゼロ、学生たちは体力ゼロの状態におちいったのである。天井にとまっている（とまっている）奴をヒョイと網で捕獲という甘い計画は木端微塵（こっぱみじん）に散ってしまったのである。見ていても、まったく勝負にならないという感じである。コウモリたちは、逃げるのにあわてて洞窟の壁にぶち当たるわけでもなく、追い回されたらものすごいスピードで右に左に逃げ回る鳥の動きともちがい、ヒラヒラと舞っている感じで、捕獲できそうな錯覚をもたせるのである。しかし、手早に網を振り回しても、なぜかヒラリと身をかわすのだ。まるで合気道の名手みたいな印象である。超音波ソナーのすごさを感じる。これではらちがあかない。

いよいよ真打の登場である。高齢六五歳といえども、私は幼少から大自然のなかで育ち、野生の生き物にもずいぶん出会いがあり、動物の阿吽の呼吸を理屈ではなくつかんでいる。捕虫網を学生から取り上げてコウモリに向かった。網を振るスピードは、学生のそれとはまったくちがう。学生が捕虫網を振っても、ネットの部分は鯉のぼりがゆらゆらとなびいている様子だったのが、私が振り回すと風を一身に吸いこみ全身を伸ばしてなびいている感じである。「エイ、ホレ、捕まえた！」という微妙かつ敏捷な動きで、五分後には一頭を捕獲。数分後、また一頭捕獲というように網を手にして間もなく、二頭を捕獲である。一頭は、ネットに当たった衝撃で脳震盪を起こしていた。これを見た学生たちも感激である。私はますます元気が出てきた。

危険を察したのか、コウモリの動きが活発になり、コウモリがいろんな向きに、一斉に舞う攪乱作戦をしかけてきた。それならば確率の問題とばかり、私は捕虫網を振るスピードを上げるとともに、振り回す向きも一頭を狙うのでなく、逃げ回るコウモリのどれかのソナーが感知する速さを超えて、予測がつかない振り回し方をした。そして作戦成功である。またしても一頭が網に入ったのである。これで三頭を捕獲である。その間に、Oさんが一頭捕まえていた。聞くところによると、洞窟の袋小路になっているところに追いつめ、なんとか捕獲できたようである。ちなみに、Oさんは生物研究会に入っており、昆虫を捕獲するコツは

心得ている。そのへんが勝利につながったのだろう。これで四頭を捕獲、目標の一〇頭にはまだ遠い。ひと休みのあと、捕獲再開である。コウモリも危険な侵入者に気がついたらしく、洞窟の奥へ奥へと移動している様子である。少なくとも、さきほどの戦場付近には見かけなくなった。われわれ捕獲隊も、さらにひんやりして薄暗い奥へと進んだ。周囲には高級日本酒が木枠に収まり、静かに熟成を待っているのがどうしても目に入る。いたいた、コウモリは奥に逃げてきている。またもや、教授の鮮やかな網の振りで、たちまち二頭を捕獲である。都合六頭になった。その後も学生たちは捕まえられる様子がない。やはり、瞬発力が必要だから予想以上に体力を消耗する。今回は六頭で撤退とした。実は、コウモリは一一月半ばか

ら翌春までは冬眠し、春から秋にかけての比較的暖かい季節に活発化する。冬眠中は、逆さにとまって仮眠をしているから簡単に捕獲できるのだが、それでは卒業論文に間に合わないのである。

さて、大学に戻り獲物の状態を確認すると、翼を広げると片側約一三センチメートルの大きいものと一〇センチメートルの小さいものがいる。子どもと大人のちがいかと調べると、今年の繁殖期はこれからで、今の時期に子どもはいないことになる。実際、コウモリの繁殖時期は七~八月である。

交尾は冬眠前に行われるが、出産は初夏から夏の間である。洞窟に住んで、このへんにいるのはキクナガコウモリである。さらに、そのキクナガコウモリには大きい個体や小さい個体がいることがわかった。小さいほうはコキクナガコウモリといい、キクナガコウモリの子どもではなく、れっきとした別種であることがわかった。そのコウモリは観念しているのか、虫かごの網の部分にコウモリらしく後脚を引っかけ、逆さまにとまっている。Aさんは、このコウモリたちとともに大学生最後の仕上げ、卒業論文への第一歩を踏み出したのである。

記憶とともに消えたカラス

研究にはいろいろな方法がある。実験しているその場ですぐ結果がわかるもの、なにか処置をして動物を飼育し、時間が経ってから結果がわかるものなど、さまざまである。この話は、カラスにあることを覚えさせて、どれくらい長い期間覚えているかという記憶実験に取り組んでいたとき、その記憶を見届ける大事な待ち時間を消滅させた、非常に落ちこんだ出来事である。

そう、この研究は処置をして成果をみるのが一年後という実験であった。「時は金なり」と言うが、金で買えない可能性が時間とともに消えてしまいそうな事故であった。私の研究室では、カラスに人の顔写真や図形を覚えさせる学習実験をやっている。世間では、カラスが賢い鳥であると定評だが、舞台裏のカラスは人に物を覚えさせるようにはいかない。たとえば、黄色の蓋(ふた)を破ればエサが得られ、青では得られないことを覚えさせるには二日ほどかかる。これくらいのことは、人間ならば話せばどちらにエサがあるかは伝わるのだが、カラスにそれを理解してもらうには、トライアンドエラーで学ぶ体験を二〇回ほど繰り返すことになる。つまり、カラスは体を張って物事を理解するのである。それでも二日ほどで覚えるから、ほかの動物よりは早い。少なくともニワトリで同じことを行ったら、なにを求められているのか理解できないらしく、色違いの蓋を破ろうともせず、「コッコッコー」と鳴きながら歩き回るだけでまったく実験にならなかった。いずれにしろ、記憶を確かめるにはなにかを覚えさせて、その持続性を確認するのが素直なやり方になる。このプロジェクトでは、最大で一年間覚えていることを証明するのが目標であった。

この実験は電力会社との共同研究の一つであった。私の研究室には、電力会社からの研究依頼が意外と多い。実は、カラスの巣の材料が停電のもとになるのだ。ねらいも多岐にわたる。あるときは、カラスが電線にとまらないような装置の開発であったり、電柱や鉄塔に営巣をさせない物質の開発や効果の検証であったりする。

記憶の実験は、なにかいやなことを覚えさせたら、覚えている間はそのいやなものでカラスを寄せつけないことができるのでは、という発想から生まれた。その意味では、実験期間が長ければ長いに越したことはない。ただ、カラスの生活史も一年サイクルと考えると、記憶の長さを確認する期間は一年でいいか、ということになった。それより、現実的にはカラスにあることを記憶させて、確認したい記憶の期間中はなにもさせず、大事に飼育することになる。病気や事故にあって、途中で死んだら元も子もない。一二カ月間の記憶をみようとして一一カ月と二〇日で死なれたら、まさにこちらが死んでも死に切れない。このように、実験期間が長くなればなるほど、飼育管理のハードルは上がっていく。今回の事件というか事故もそのことに大いに関係するのだが、詳細はあとにしよう。

記憶期間の最長を一年とした理由はさきほど述べたとおりであるが、研究というかサイエンスにするためには、たった一羽のカラスになにかを覚えさせ、一年後に再現できました、では済まない。カラス類が一年覚えているという結論にするには、やはり四羽程度が必要になる。つまり、まぐれではないということを証明する必要がある。また、いきなり一年だけ、というわけにもいかない。そもそも、学習させたことをどれだけ記憶しているかという実験も過去にない。だから、一年より短い期間の記憶が持続されるかを段階的に確かめていく必要がある。そう、結果的には一カ月、二カ月、三カ月、四カ月と記憶期間をつくっていったが、そのまま一カ月ごとに期間をつくると、一カ月に四羽だとして、一二カ月分だと四八羽のカラスを必要とする。また、いくらカラスを毎日見ているといえども、真っ黒なカラスの顔を四八羽なんて覚えられる自信もない。だから、各月のカラスが混じってわからなくならないように部屋も一二部屋必要になるが、現実それは難しい。というわけで、比較的長く飼育する実験群は六カ月、八カ月、一〇カ月、一二カ月と二カ月おきにし、カラスの羽数も飼育する場所も節約する作戦をたてた。また、長くかかる期間のものから実験するのが道理にかなう。時間のかからないほうからはじめると、一〇カ月が終わったあとに一二カ月記憶の実験になる。つまり、実験は二年かかる計算になる。ところが、企業の委託研究は単年度であるために、一年以内に予算を使い、報告書も年度内に提出となる。これが大きなプレッシャーになるのは、この業界の人のみぞ知る話。とにかく、ごたごた述べたが、長くかかる実験からはじめるのが常道である。

まずは、一二カ月群を一〇日かけて四羽仕込む。色のちがう二つの器の蓋のどちらを破ればエサが取れるかを覚えるのに、早いカラスで二日、遅いカラスで四日かかる。一羽ずつ仕込んでいくとマックスで一六日かかるが、いろいろ出来のいいのも悪いのもいるから、平均一〇日で済む。ともかくも、そうやって一〇カ月、八カ月、六カ月と進めていくと、一六羽のカラスになるが、それらを同じ檻(おり)には入れられない。さきほど白状したように、このカラスはAくん、このカラスはBくんなんて識別は無理である。つまり、カラスは一羽一羽見分けがつかないのである。そこで、カラスに丈夫な色違いの目印をつけ、個体がわかるようにし、月ごとに四羽ずつの檻を確保した。カラスは四羽で一戸のマイホームを得たことになる。総じて六～八戸のカラス小屋が完成する。飼育も一戸ごとに管理するのだから、たいへんである。さらには、カラスを収容する一戸建てを確保するために大騒ぎ。用地確保も、大学の環境整備委員会なるところにお伺いするなどの散々の苦労をして、電力会社さんの資金

でどんどんマイホームを建ててやることになった。こんな苦労は、「Ｃｒｏｗ」を飼っている人間しかわかるはずもなく、カラスの研究が盛んになると、同僚からカラス御殿が建つのではとよく冷やかされるが、御殿で暮らすのはカラスであって私ではない。私はその雇われ管理人で、御殿かマンションかわからないが、リスク管理と掃除に明け暮れる日々が続くのである。とにかく、実験が進めば進むほどマンションの住人であるカラスは増え、対応に奔走する。

　こんなことに気をもみながらもやりくりし、八カ月が過ぎたころ、一二カ月記憶の生き証人ならぬ生き証ガラスが原因不明で死んだことを担当のエチオピア人留学生のＢさんから聞いた。彼女はとても悲しみながら「センセイ、カラス、デスです……」という片言の日本語のあとに、「How can I get back the time I lost?（どうやってこの失敗で失った時間を取り戻せばいいでしょうか）」と、すごく落ちこんで私の部屋に入ってきた。なにせ、彼女は優秀な学生のなかでもさらに選りすぐりのエチオピア大使推薦の奨学金受給学生である。母国に帰ってリーダーになる研究者の卵。強くかつ柔軟に物事に向かう姿勢を学んでほしいし、日本での研究生活を実りある形で終えて帰国してほしい。私は、戻れない現実をすばやく理解し、無理なやりなおしなど考えず、「Do not worry. Let's make the best what we can do now（心配しないで、今できる最善を尽くそう）」とか励ましなのか、いやそれ以前にまったく伝わらない英語なのか、わからないままにそんな出たとこ勝負で、本人の元気を取り戻すべく、その場は対応した。

そもそも、風邪もひかない、がんにもならないなんて、人間の世界ではありっこない。ましてや、カラスは自然界の生き物、過酷な条件で生きる宿命があるので、どんなことも起こりえることは覚悟のうえとはいえども、気持ちとしてはひたすら無事を願っていた。しかし、現実は容赦ない。やはり起きてしまった。ただ、八カ月間の過去を取り返せるわけもない。死んだのは四羽中の二羽である。とにかく残ったカラスの無事を願い、目的の一二カ月まで必死に管理した。その甲斐あってか、二羽は無事、一二カ月の任期満了まで健康で勤めを果たしてくれたのである。そうして、生き残った二羽のカラスは、一年ぶりに同じ実験をさせられたのだが、どちらの色の蓋をつつけばエサがあるか完璧に覚えていて、一〇回試行で一〇回とも正解を選んだ。一羽ならたまたまそんなカラスがいたということになるが、二羽となると偶然の確立は半分になる。一と二では、まったく異なる信頼度になる。

とにかく、各期間の実験群をつくるまでは、風邪もひかせず元気に過ごしてもらうことに必死だった。各月の学習が済んだカラスのマンションも確保でき、一カ月、二カ月、三カ月記憶群という具合に、それぞれ三～四羽のカラスが無事に生きのび、目的の期間、記憶が維持されていることが確かめられた。このように、いくつかの短い期間の記憶を証明することは、長期記憶の信頼度を高くするには重要な成果である。そう、人間は段階的な実証に安心する性格なのだ。いきなり「一二カ月間覚えていました」と言うのはマジックショーみたいなものだが、「一～一二カ月間覚えています」と言われると、一二カ月間までの連続性を感じる心理になる。

このように、苦労してまとめた研究の成果は、国際的に評価の高い動物の行動や認知に関するアメリカの専門誌にも認められ、論文になった。また、この研究を行った留学生のBさんも、エチオピアのアディスアベバ大学の教員になっている。ということで大学教授としてはうれしいのだが、電力会社さんは、論文というよりはカラスがいやがることを探し出し、その継続性をみるのがねらい。とにかく、記憶は一年間もつことがわかったので、いやなもの探しとなった。ヘビやら電気刺激やら、いろいろなアイデアが出てきた。そういえば、ヘビは鳥の卵をねらうから、カラスもヘビは嫌うだろうということになり、ヘビで記憶させたらいいのではとなった。今度は、ヘビの捕獲作戦である。このノリは、学術研究をミッションとする理学部とは異なる。学術＋生活への応用が農学のミッションなのだ。ところが、肝心の私は大のヘビ嫌い。知り合いの某先生にお願いして、ヘビ数匹を手に入れた。そのヘビはシマヘビという種らしい。そのヘビを大きなペットボトルに入れ、カラスのエサ箱付近にセット。なんと、効果はない。考えようによっては、ペットボトルに入っているヘビはいわばかごのなかのヘビであり、噛（か）みついてくることはない。安全感がヒシヒシと伝わるので、ヘビもカラスも互いに無関心なのかもしれない。そもそも、動物同士は、食うか食われるかの状態で好戦的になる。ただのお見合い状態では、好戦的になる必要もない、無駄なエネルギーを使わないということかもしれない。むしろ、カラスがヘビを見ただけで怖がることはないと思う。というのも、何度かヘビをくわえて飛んでいるカラスを目撃しているのだ。せっかく立派な基礎データは得られたのに、いまだカラスのいやがる決定打がないのが残念である。

コラム4　光る動物の眼

動物の眼球には、物を見るためのいろんなしくみがある。まぶしい環境にさらされると無意識に瞳孔（どうこう）が小さくなり、眼に入る光の量を抑える。一方、暗い環境になると瞳孔が大きく開いて光を多く取りこむ。いわばカメラの絞りのような働きをしている。ところで、暗いところでネコやイヌの眼が光っているのを見たことがある人は多いと思う。また、動物の夜の行動などを紹介するテレビ番組でも、登場する動物の眼が光っている場合が多い。それは眼の一番奥、網膜（もうまく）のすぐ奥にある輝板（きばん）という鏡のような構造が起こす現象である。輝板は入ってきたわずかな光を反射し、暗闇の光を眼のなかで何倍にも明るくしているのである。特に夜行性の動物は優れた輝板をもっている。眼が光って見えるのは、輝板で反射された光が瞳孔をとおして外から見えるためなのだ。いわば、動物の多くは生まれながらにして眼のなかにヘッドライトをもっているともいえる。

ブタの麻酔は一触即発の暴走の危機

解剖実習で最もたいへんなのは、ブタの解剖である。そもそもブタはより多くの肉を得られるように改良されて肉付きがいいので、体力がある。ところが、農学部とはいえ今や目の前でブタを見たことも触ったこともない学生がほとんどである。したがって、学生たちも、もちこまれたブタにどう対処していいのか見当がつかない。「ブフィ、ブフィ、ブー」と鳴いて動き回るぐらいならなんでもないが、ときどき女性の甲高い金きり声みたいな鳴き声を発するときもある。そんなときは、ほとんどの学生は、おもわず身を引いてしまう。実習には、できるだけ若いブタを使う。かといって、あまりにも若いと実習の意味がない。なぜなら、家畜として扱う実習であり、人工授精師の免許取得の要件単位にもなっている。だから、ほどほどに発達している生殖器を観察しなければならない。そもそも、そのためにオスとメスの両方を解剖するのである。そう、ブタの解剖は雌雄セットで行う場合が多い。したがって、体重四〇〜六〇キログラム程度のブタを使うことが多い。六〇キログラムとなれば人間の体重に近い。その生き物が身の危険を感じ必死で抵抗することを想像すれば、いかにパワーが出ているか察しがつくと思う。

ところで、一九九〇年代半ば、養豚とか養鶏は畜産公害と言われるようになって、住宅地の近くでは飼育されなくなった。また、家畜の排泄物のにおいや汚水による問題解決のために制定された「家畜排せつ物法」などの法律が整備され、牛舎や豚舎から出てくる排泄物に関して規制が厳しくなってきた。結局、人家の少ない山里のほうに移るか、廃業したケースが多い。そのような社会情勢のなかではあるが、追いやられた郊外で養豚や養鶏は大規模化して産業として成り立っている。いずれにしろ、このような状況では、やはりブタもニワトリもウシも日常生活からは遠い存在になっているわけで、冒頭でも述べたとおり、大学に入ってくる若者が家畜に接したり身近で観察したりする経験がなくて当然であろう。

ブタを含む中型以上の動物の解剖は、朝から夕方まで一日かけて行う。医学部の解剖なら、四人ないしは六人くらいの学生が、一体を下半身グループ、上半身グループに分かれて行う。数カ月かけ神経や血管の一本一本をたどって、どこに行きつくかを確認するので、実に時間がかかる。獣医学科も医学部の人体解剖のようにイヌなどで時間をかけて行う。しかし、私たちは一日で終わらせてしまう。手術や治療を行うわけではないから、細かい点の解剖はさほど必要がない。いわば、食べるためのと殺から肉になるまでの流れの一部を実感するレベルである。ただ、消化器、生殖器などは飼養管理や繁殖の技術者になるのだから、十分観察に時間をかける。

さて、いよいよ実習開始である。ブタは県の畜産試験場からトラックで大学の附属農場に運ばれてくる。ブタやウシの解剖は、附属農場の解剖室を使う。解剖室の排水設備もよく、大型冷蔵室つきで、整った環境である。ウシの解剖は、感染症ではない産後麻痺（まひ）などの問題が生じた農場のウシを使う場合もあるから、なにかと附属農場で行うほうが都合がよい。

さて、ブタの解剖である。ブタは、荷台に設置された檻（おり）のなかに入れられて運ばれてくる。トラックの荷台後方の囲いをはずし、荷台と地面の間に特殊なタラップのようなものをかける。これがブタが荷台から降りる通路となる。実は、このときが第一関門というか要注意の作業なのである。下手をすると、このときの一瞬の油断でブタに逃げられそうになる。トラックから下に降りるときにブタを追いこむのだが、そのときに勢いよすぎてブタを興奮させてしまい、ブタがタラップを駆け下り、そのまま飼育室のある入り口に向かわず暴走することがある。もちろん、タラップと飼育室の入り口の距離は短くし、かつ両脇には国賓クラスが飛行機のタラップから降りてくるのを出迎える側の国の要人たちが並んで待つような感じで、学生たちが花束ではなくベニヤ板などおもいおもいのものをもって、ブタが脇から逃げ出さないよう通路の両脇に人の壁をつくっているのだ。

実は、その日もブタは尻を少しつつかれタラップのほうに追いこまれたのだが、追いこみ者の最後の一鞭で「ブヒーン！」とさけび、走り抜けようというサインに感じたのかドドド

ドッというすさまじい勢いでタラップを走り下り、人壁の隙間から抜け出たのである。これは、たいへんである。ブタをそれ以上興奮させないため、追い回さないように指示。飼育室の周囲には少しばかり空地が多い。放牧させるような感覚でしばし、ブタを見守ることとした。ブタも見知らぬ広いところへ出て戸惑ったのか、勢いで暴走することもなく、地面に鼻を近づけにおいを嗅いでいる。そろりそろりと近づいて、静かに飼育室の入り口まで誘導するという穏やか作戦でいくこととした。逃げたブタは五〇キログラム前後のメス。判断は正しい。人間同士でもそうだが、ブタ相手でも無駄な争いをつくるべきではないのだ。さりとて、カウボーイがするようにロープの輪を首に投げ、引き寄せるような技も使えない。首に

ロープをかけて引こうとしたら、こちらが負ける綱引きになる。じりじりと距離を詰めながら、かつフレンドリーな雰囲気で歩み寄り、体をすり寄せて向きを調整しようとした。しかし、敵もさるもの、こちらの意図を察したかのように反対方向に向かおうとする。その前にやさしく立ちはだかり、またしても向きを飼育室の方向へ。こんなことを繰り返し、なんとか飼育室に誘導できた。まずは、ブタをお迎えしたのだ。ブタにとっては幸いなことに、すぐに解剖に使われるわけではない。実は、ブタは解剖の数日前に到着したのである。そう、まずは解剖実習の数日前に到着し、育種学実習という家畜の品質管理の実習に使われることになる。

家畜は、肉付きや肉質がよければ高値がつく。したがって、体型などから品定めをするのである。それには体のどこをどう見るかという技術がいる。最近は、ジェンダーハラスメントになるとかで賛否があるが、人間の美人コンテストの審査員のようなものである。まさに、腰からヒップにかけてのラインや、肩から背にかけての背筋の張り具合などを見る。このようなつややかな品定めをする場合でも、解剖学の知識が必要になる。いわば、臀筋(でんきん)の発達はいいとか悪いとかを考えて審査するのである。ウシでは、オッパイの張り具合も評価のポイントとなる。まさに、人間界であれば非難轟々の深刻な話だが、誰もジェンダーの問題を家畜には求めてこない。このように、人が家畜を見る場合は、きわめて利己主義の発想に集結している。やはり、動物と人はちがう。人間は考える葦(あし)であるが、動物は人間の細胞の一部になる葦ということなのだ。それはともかくとして、学生のなかには、日本食肉格付協会の職員のように家畜の品定めをする立場になる人もいるので、教育としては重要である。

　ブタの命は、こうして解剖される前に育種学実習のため、大いに有効活用された。いよいよ解剖のときがきた。それは、暑い初夏の土曜日であった。一日かけてやるから、普通のカリキュラムでは対応できない。三〜四回分のカリキュラムを集中させる形にする。結構、重労働の一日になる。

　九時三〇分から実習がはじまる。まずは、麻酔である。とにかくブタは皮下の脂肪が厚くふっくらしているが、筋力もある。皮膚(ひふ)も厚いので、下手に麻酔を打って皮下脂肪に吸収されては元も子もない。血管を探して静脈注射なんて、まん丸い体つきには無理である。結局、腕でもなく足でもない、耳の静脈から麻酔をするのである。耳は大きく薄いので、ブタの体で静脈が外から見える数少ない場所である。ここには、耳介の付け根から先端に向けて走行している耳静脈がある。頼りになるのはここしかない。しかし、おとなしく耳を差し出してくれるブタはいない。捻じ伏せて、耳に注射するのである。だからこそ、このような動物には特殊な装置がある。名付けて鼻捻じりである。輪になったワイヤーで上顎ごと鼻を輪にかけて、それを絞り締めつけてブタを押さえつけるのである。敏感な部分とみえて、締めつけると「キーキー、ブイーブイー、ギィギィー」と大騒ぎして前足、後ろ足をバタバタするが、立ち上がって走り出しはしない。ここで、学生に前足、後ろ足を押さえこみ、動かさないように指示。ブタも必死だが、ここまでくると学生も油断すると蹴とばされるから必死である。まさに、手に汗握る瞬間である。解剖室いっぱいにブタの悲鳴が響き、学生がかたずをのんで緊張している雰囲気が現場を支配している。

そのとき、事件は起きた。ブタは最後の力を振り絞り、学生のホールドを解いたのである。「ギギーブフィ、ギギーブフィ！」とすさまじい悲鳴とともに暴れ出したのだ。学生は突き飛ばされ、用意した注射器なども蹴散らかされた。とにかく、この状態で勝負するのは危険である。またもや、ブタの鎮静を待つしかない。なんといっても麻酔は耳静脈という耳の背側に見える血管に打つ。ブタが動いていては、とうてい無理なのだ。「ブフィブフィ」と落ち着きなく飼育室の柵内を歩き回っていたブタも、一五分くらいしたら落ち着いてきた感じである。

再度の挑戦である。今度は、前足のホールドは私、後ろ足のホールドは大学院生のＦく

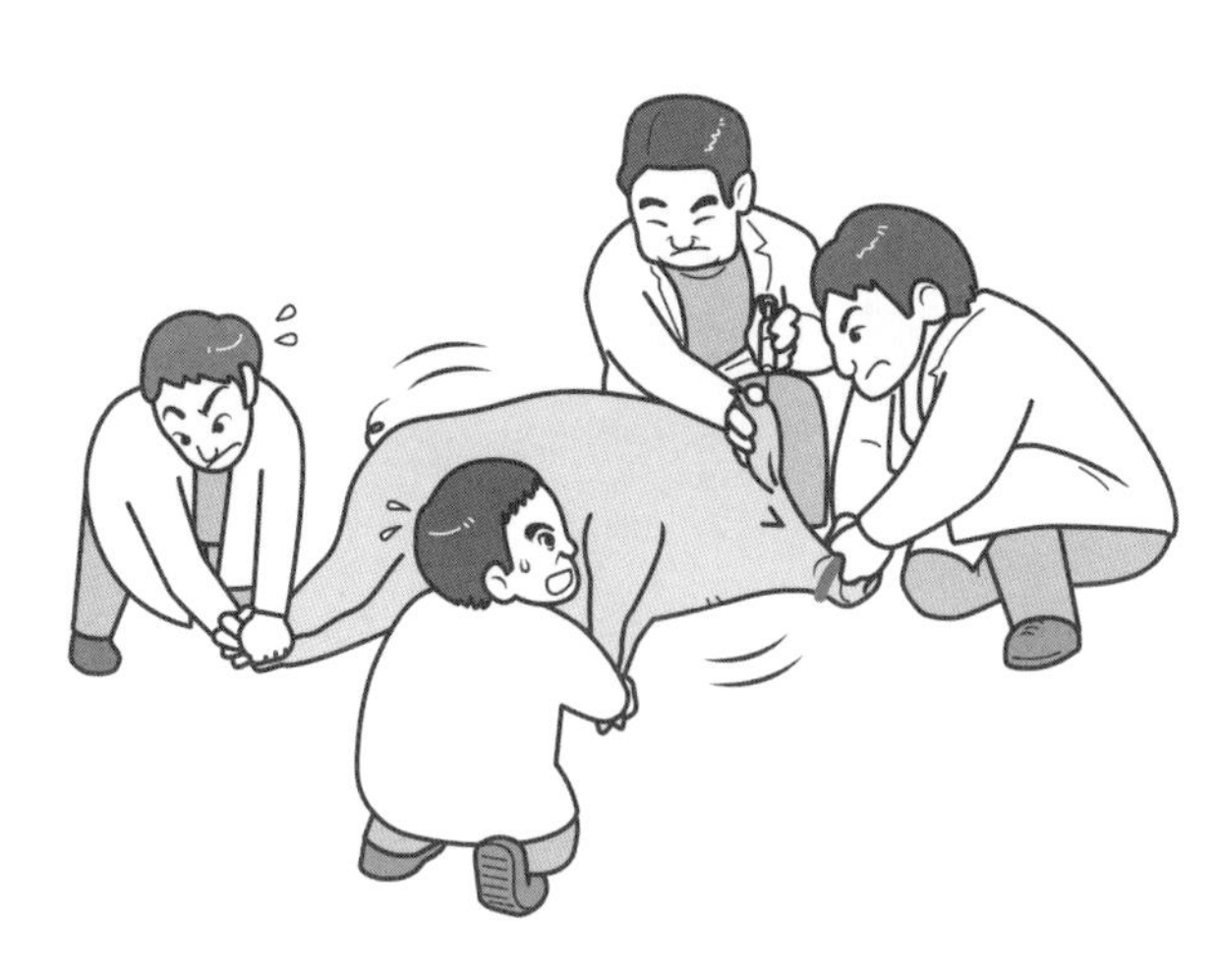

ん、麻酔はA准教授というベストメンバーである。農場の技官Oさんに鼻輪でしっかりとブタの動きを押さえてもらい、バタバタする四肢と胴体を私とFくんが汗だくになりながら必死で押さえこんでいる最中に、A准教授が耳静脈に麻酔を注射するのである。ブタの力は強く、注射針によっては、ブタの耳静脈に的中するのは難しい。私の「まだか？」という声に、A准教授の「まだです！」という声。「早くしてくれ！」という私の声と「ブフィギー！」というブタの鳴き声が混じり合う。まさに、臨場感あふれるブタの麻酔風景だ。学生たちは、柵の外でかたずをのんでいる。これは、ブタと人の壮絶な戦いの物語である。甲高い鳴き声を発しながらの格闘の末にブタも眠りについた。この日は苦労はしたものの、なんとか

麻酔を施し、ぐっすり眠ったブタはリヤカーに乗せられ、解剖室へと運ばれたのである。

ブタの解剖では、まれにもっと深刻な事態が生じることもある。かつて私が学生のとき、同じような場面でブタに逃げられ、解剖室で大暴れされたことがあったのである。ガラス器具は蹴散らかされ破損、ブタは解剖台の間を悲鳴のようなすごい鳴き声で走り回り、イスなど宙に舞う感じであった。もちろん、学生は室外に避難である。解剖室がめちゃめちゃになった。ブタは解剖室を占拠したようなもの。とにかく、興奮冷めぬブタにはとても近づけない状況である。その日は、解剖実習が中止になったことを思い出す。このように、ブタの解剖には苦労が多いが、学生にしてみれば命あるものが必死で身を守る姿をまざまざと見せつけられる機会となる。

泥棒にも怖い研究室

これは、プロの泥棒も驚愕の話である。大学というところは、誰でも自由に出入りできるのが伝統的な雰囲気である。基本的に二四時間オープンなので、夜中まで実験をする学生、泊まりこみをする学生など、多くはないがたえず人の動きがある。場合によっては、研究室で飲んでそのまま夜を明かす輩も少なくはない。もちろん、昨今はそんな活きのいい学生も少なくなっているのと、深夜までの飲酒に対する世間の風当たりが強いので、そう多くはないものの、希少生物のごとく伝統を受け継ぐ学生もいる。いずれにしろ、リスク管理が甘いことは間違いない。それだけに、昔から大学ねらい専門のコソ泥が多いとも聞いていた。

さて、この話は夏休みに入って、さらにリスク管理が甘くなる時期の出来事であった。その日は大学の夏休み突入ということで、キャンパス内では学生主催の花火大会が行われるなどお祭りムード一色の夜であり、キャンパスが解放感に満ち満ちていた。という状況は、後日研究室の学生から聞いた。

事件があったと思われる日の早朝、五時三〇分ごろだったが、農学部事務長から「昨夜、大学に泥棒が入ったと守衛から連絡があった」という電話を受けた。被害にあった研究室の先生方に連絡をしているとのこと。早朝のため、なにか不吉な予感をもって電話に出たのであるが、研究室に泥棒が入ったとは、にわかには信じられない話だった。電話の内容からすれば、たしかに予感的中ではあるが、実感がわかない。そもそも、取られるようなものもないはずだ。現金も、以前は医学部によくあったらしい製薬会社からの袖の下もない。ひそかに引出しに入れて、泥棒に魅力を感じさせるものなんて、一切ないのだ。とはいいつつも、事務長からの電話は、緊急連絡網の電話である。私も一部署を預かる責任者の一人、緊急時には対応しなければならない。取り急ぎ、家内に大学で事件が起きた旨を話して、いざ現場に向かったのである。

その日は、日曜日であった。家から大学までは車で二〇分である。正門を通過する際に、守衛所の脇の駐車場にパトカーが二台、赤色灯を点滅させながら駐車しているのを見て、現実の出来事であることをあらためて認識する。さらに、農学部の正面入口にもパトカーが一台停まっている。まさに、テレビのニュースに見る事件現場と同じ様子である。取り急ぎ、車を職員駐車場に停めて研究室に、いや、この場合は「現場」に急いだ。途中、事務室に向かい事務長から概略を聞いた。事務長も現場には入れず、近くの廊下で警察の動きを見ていた。聞くところによると、守衛が最後に見回ったのが深夜一時。いくつか、部屋が荒らされているのに気がついたのは、朝五時に巡回したときとのこと。結構、慣れた泥棒とみえて、三〜四時間で手広く仕事をしたようである。被害場所は、学部長室、総務事務室と五つの研究室で、被害部屋数はのべ一〇部屋に及ぶ。それも、同じ棟内ではなく転々とねらっているとのこと。まだ警察の現場検証中なので、やたらと現場には立ち入れず、周辺で事のなりゆきを見ているしかない。白い手袋をはめた鑑識（かんしき）職員が、やたらと現場の様子を写真に収めているかと思えば、足跡に一つ一つの形を取るなどで忙しく動き回っている。また、刑事風の人となにやらヒソヒソ相談。さらに、歩数を数えるわけではなさそうだが、足跡に番号をつけている。最近、万歩計で歩数を数えている私は「泥棒が一部屋を漁るのに何歩くらいウロウロするのかを計れるのかな?」と思いをめぐらせていた。ねらいをサッと定められるベテラン泥棒は歩数が少なく、未熟な泥棒はやたらと動き回り歩数が多くなるのではと、その数字がとても気になってしょうがなかった。頭のなかは被害を気にするどころか、動物を観察する際の思考回路になっている。一方、現場である農学部事務室の前の廊下には、散々物色したと思われる封筒や通帳などが散乱している。あとで刑事さんから聞いたのだが、泥棒は足がつく通帳などは盗まないそうだ。また、侵入されたどの部屋も、ドアノブの近くの小窓の下が割られているのだ。これだけの部屋の窓を割り、物色して歩いたのだから、ベテランにちがいないと一人想像していた。各部屋の現場検証が終わらないと聴取もはじまらない。かといって、被害の様子を勝手に確認もできないし、事件現場である自分の部屋で待機もできない。二時間ほどは、警察の現場検証を遠巻きから見ていた。警察官は胸脇に着けたマイクで本部らしきところと連絡をとり、「了解」とか「現場です。○○時間、××確認、どうぞ」などのあとに「ガーザー」とノイズ音。この音が、なんともテレビで見た刑事ドラマの現場っぽい雰囲気をつくり、子どもみたいに感心したりして待機である。

さて、現場検証も済み、いよいよ刑事さんの事情聴取。自分の机を見ると、見事に引出しのなかのものが散乱している。ただ、金目のものはないはずなので、特段心配はない。よくも散らかしてくれたと、腹が立つレベルである。実は、そのときは、自分のパソコンが盗まれたことに気がついていなかったのである。机の上に置いてあった持ち歩き用の薄型ノートパソコンが盗まれていたことがわかったのは、それから数時間後である。それよりも、隣のA准教授と外国人研究者Bさんの部屋も荒らされているが、二人に連絡がつかない。Bさんは、アメリカの学会で出張中。A准教授は、夏休みに入った子どもたちを奥さんの実家に連れていき、不在である。被害の実態がわからない。そもそも、A准教授の机周りは、いつもすごい散乱状態になっているから、泥棒が荒らしたとも言い切れない。刑事さんに、被害状況をなんて言えばいいのか困ったのである。一方、Bさんにはメールで連絡。これまた、たいへんな返事が返ってきた。現金三〇万円が入った封筒が机二段目の引出しに入っているとのこと。Bさんの机周りは整理されているからすぐにわかったのであるが、「やられた」であった。まず、机の上に散乱された封筒類と通帳。明らかに魔の手が伸びていたのである。実は、Bさんはアメリカの学会に出席するためのお金を友達に借りて、出張費がおりたらすぐ返す予定だった。出発の二日前に出張費がおりたが、友人に会えず現金を自分のアパートよりは大学が安全と考え、大学の机の引出しに隠しおいてアメリカに渡ったのである。なんともいえない間の悪さである。

そうこうしているうちに被害者が集まり、聴取を受けることになった。すでに、連絡のついた関係者は駆けつけていた。いくつかの研究室では、みんなから集めて引出しに入れていたお茶代が盗まれたなど、被害が申告された。どうやら、Bさんの被害額は最大のようである。お金ばかりではない。植物系のとある研究室では、パソコンがなくなっていた。それもその研究室のなかで最も新しく性能の高いパソコンとのこと。パソコンの仕分けまでして盗む泥棒のしたたかさを話題にしている様子を他人事のように聞いていた私であったが、うっかり念頭から抜けていた、自分のパソコンを思い出すことになる。自分のも、最新のパソコンである。最新すぎて使いこなせないでいたため、まだあまり使っていなかった。そのため、私のなかでは重要度が低く、忘れていたのである。急ぎ、部屋に戻り見回すが、ない。

「やられた」のである。やはり、泥棒には大きな価値のあるものだった。

さて、さらにそれから数時間後のこと。荒らされた際に、すでに不要の伝票とか無意味になった書類やらを廊下のごみ箱に捨てに行ったときのことである。ごみ箱を覗くと、パソコンと見覚えのあるパソコンケースが無造作に捨てられている。おもわず「あった！」と思い拾い上げるが、よく見ると自分のとは少しちがう。そういえば、ほかの研究室では学生のパソコンが盗まれたことを思い出した。その学生に連絡し、確かめてもらうと、ごみ箱に捨てられていたのは彼のものであった。落ちこんでいた学生は大喜び。それとは対照的に、ごみ箱でパソコンを見つけ、つかの間の喜びを味わった私は、再び落胆であった。ただし、ケースだけは私のものであった。つまり、先に盗んだパソコンより新しいタイプを見つけ、先のものは捨てて私のものをもっていったのだ。中身を失ったケースだけが残された。それにしても、パソコンの性能まで見抜いて最新のものに盗品を替える泥棒は、ただものではない。それに、欲を捨て一つにする判断もすごい。職務質問の際にパソコンを二台もっていたら、それだけであやしまれることを読んでいるのだ。などと、泥棒に感心をしてしまった。

ところが、週が明けて月曜日のこと。さすがのデキる泥棒も予期できなかったことが起こったのである。実は、この泥棒は野生動物管理学研究室にも忍びこんでいた。ところで、野生動物に関する問題は全国規模で起きている。外来種であるアライグマ、ハクビシン、タイワンリスをはじめとしてクマ、シカ、サルなどの引き起こす獣害は各地でみられる。野生動物管理学研究室はこのような動物が起こす問題の解決につなげるべく、野生動物の生態や行動を研究している。したがって、夜間の動物の行動を記録するカメラなどの装備は必帯の調査機器である。そう、この研究室に忍びこんだ泥棒におもわぬ落とし穴があったことがわかったのである。この研究室の学生は、盗難の日に野生動物を夜間記録するカメラのバッテリー持続時間を確かめるため、研究室の棚に作動させたカメラを置いて帰ったらしい。野生動物観察用だから、外観はカメラカメラしていない。迷彩色でコンパクトな箱みたいなものである。それも、夜間でも動物が見られるように赤外線カメラである。それを無造作に研究室の棚に置いていたのである。事件後、大学に出てきて、そのカメラのバッテリーを入れ替え再生してみたところ、なにやらあやしい人物がウロウロしているではないか。もちろん、泥棒はカメラには気づいていないから、カメラの真正面に顔がアップで映っている。偶然にも、置いた棚がちょうどいい高さ。学生もビックリ仰天、事件のことは知っていたから、これは犯人の正体にちがいないということになり、即、警察に届ける。凄腕の泥棒も、まさか

研究室にカメラが設置されているなど、考えもしなかったのだ。
　私もカメラに偶然収まっていた映像を見たが、さすが赤外線カメラである。夜の研究室だが、本当によく映っていた。おまけに、時間も刻々と記録されていた。これが犯人に有無を言わせぬ、動かぬ証拠となった。すでに前科があったようで、その映像がもとになり一週間後、信越地方の都市でその泥棒は捕まったのである。どの道にも専門というものがあるらしく、その泥棒は大学とか公共の建物専門の泥棒だった。やはり某国立大学でプロフェッショナルな仕事をして出てくる際に職務質問され、ボロを出して御用とのこと。地元の警察経由で事のなりゆきを知った。検察などの証拠物件として扱われるからすぐには戻ってこな

かったが、私のパソコンも無事に手元に戻った。売りさばく余裕がないうちのスピード逮捕だったにちがいない。

これを機に、刑務所の務めを終えたら泥棒仲間に伝えてほしい。大学の研究室には、なにがしかけてあるかわからない。大学には、近づかないほうが身のためであることを。実は、大学もこの事件をきっかけにリスク管理に力を入れ、すべての出入り口はオートロック、IDカードで開錠という、どこかの立派なオフィスみたいになった。身分証明書を首に吊るし、ドアを開ける際にカードをはずしてスーッと読みとり機を通すときは、このオートロックが大学の自由と解放の伝統を絶やさなければいいがと思う昨今である。

解剖準備室がカラスの糞だらけです！

Iさんという学生が、カラスに声変わりがあるのか、それを確かめたいと言ってきた。経験的には、巣立ちをしてからも親に甘える声があることを知っているから、声変わりはありそうだが、科学的に調べられた報告はないようである。ちょうどその数年前から、カラスの鳴管（めいかん）と鳴き声の研究をしていたから、取り組める環境は整っていた。たしかに、自然観察でも巣離れ前のヒナがエサを呑みこみながら、いや呑みこむ直前なのか、うれしさのあまり喉を響かせ「グワワワ、ヮグヮヮ」という変な鳴き声を発し、普段耳にする「カァ」という響きとはだいぶ様子のちがう音を出すことがある。また、巣立ちが終わってしばらくは親と行動をともにするが、エサをもらうときに「グヮ〜」という甘えた鳴き声を出す。やはり、成長によって声は変わるのだろう。そんなことを考え、しっかりと研究テーマに位置づけることにした。

ただ、このテーマの実行には、成長期のさまざまなヒナというか早期若鳥というのか、いろいろな成長段階のカラスが必要である。実のところ、このような研究にあういくつかの週齢のカラスを手に入れるのが難しいのである。罠に入るカラスの多くは、巣立ちして間もない若カラスか親鳥である。これらの鳴き声は、そのまま声紋分析にかけ、鳴管の形態計測をすることによりデータが取れる。しかし、巣立ち前のカラスの声は、まさにヒナを手に入れなければならない。この場合、住民から被害届けが出され、公園や庭木から巣の撤去を依頼される自治体や、送電障害の原因になり巣の撤去を余儀なくされた電力会社などから手に入れるしか方法はない。

まずは、撤去数の多い東京都にお願いしてみる。東京都は、巣の撤去やカラスの捕獲を業者に委託しており、そちらを紹介してもらう。本来なら、殺処分されるヒナを譲り受ける道筋づくりも結構、書類の作成で忙しい。東京都圏内のカラスを譲り受けるには、捕獲許可を申請する。それが許可されて、業者から譲り受けることができる。さて、手続きも済み、業者からの連絡待ちである。まもなく、足立区で巣の撤去作業が行われるとの連絡が入った。作業当日は動きが取れないので、Ｉさんに電車での運び屋を頼む。これまた、初冒険である。カラスのヒナは四羽とのこと。経験上、通気孔を豊富につくった五〇×三〇センチメートルくらいの段ボールを風呂敷かなにかで包めば、電車で運べると見込んだ。

Ｉさんを電車で足立区へ向かわせる。捕獲現場というよりは捕獲業者の事務所での引き取りにし、あらかじめ場所も特定して出かけるので、行程に大きな不安はない。問題は、引き取ったあとのことである。時間がかかって熱中症になるのも心配だが、「ガァガァ」と騒がれて周囲に迷惑をかけてもまずい。カラスが飽きて騒がない時間内での運搬、混み合わない列車などの要件を考えると、新幹線が無難である。それでIさんには、帰りは新幹線に乗るように指示する。なんと、大学に迎え入れるカラスは新幹線に乗ることができるのだ。もちろん、自由席である。

不測の事態を考えいろいろ対応を想定したが、そんな心配は取り越し苦労だったようで、Iさんは四羽の子ガラスとともに、何事もなく帰ってきた。カラスも元気そうである。さだかではないが、ヒナは孵化後一〇日に近い様子。羽は生えていないが、皮膚(ひふ)は黒くてブツブツと毛根部が突出し、そこからうっすらと羽のもとが見える。口は大きく、そのなかは真っ赤である。とてもかわいいとは言えない、グロテスク感がある。ちなみに、孵化したばかりのカラスのヒナは赤子である。新幹線とはいえ、カラスにとっては未知の乗り物。多少の揺れはたえずあるものの、外がまったく見えないので、ただじっと息をひそめているしかない。子ガラスにしてみれば、わが家からは隣立する家々や遠くに東京スカイツリーが見え、平和に暮らしていたはずである。それがある日、「ギャギャ、ギーギー」と警戒と怒りではち切れんばかりに鳴く親の声を聞いて怯えていたら、突然ヘルメットをかぶりタオルで顔を覆った人間が巣に登ってきて、軍手をはめた白い手でつまみあげられ、袋に投げこまれたあとはまったくわからない時間を過ごして、大学にたどり着いたのである。そんなカラスであるから、早めにあらかじめ用意した洗面器にボロを敷きつめた人工巣に移す。兄弟・姉妹が寄り添って、事のなりゆきを理解できぬままボンヤリしている。まずは、体力をつけなくてはいけないので食事の用意だ。研究室おなじみのドッグフードベースのエサである。お湯でドッグフードをふやかし、それにサバの水煮の猫缶を少々混ぜた食事である。子どもといえども、鳥にミルク系は禁物である。そもそも、哺乳類（ほにゅうるい）とちがってミルクに含まれるカゼインを分解する酵素をもっていないのだ。それはさておいて、カラスのヒナは貪食（どんしょく）である。頭上に箸でつまんだエサをもっていくと、口を大きく開けた状態で、頭を持ち上げる。そこにエサを放りこむと、「アァァッアァァッ」と、鳴くというよりはエサが食道を通りやすいようにする動作で出るだろう声を発しながら、エサを呑みこむのである。ほかの鳥のヒナのように、練りエサを口から押しこんでやるようなことは必要がない。

Ｉさんによるカラスの子育てが、ついにはじまった。給餌は二時間間隔くらいで、世話をすることにした。なんと、人間の育児並みの不眠不休の作業がはじまるのである。育児室は、以前、ウズラの孵化に使っていた解剖室のとなりの準備室である。孵卵器が数台と古くなった冷蔵庫などが置いてあるだけで、人の出入りは少なく静かなので、育児室にはもってこいである。Ｉさんは、保温マットを用意するなど献身的である。研究室では「Crow's mama（カラスのお母さん）」というあだ名までついた。本人も悪い気はしないようだ。ときどき育児疲れのお母さんのように晴れない顔つきもしているが、子ガラスも徐々に羽が生えかわいらしくなってきて、励みになっているようだ。そのころふと気がついたのだが、巣の周りが糞だらけである。一方、巣には糞がない。不思議に思って見ていると、偶然にもその謎を解く場面に出くわした。巣に沈んでいた一羽のカラスがニューと立ち上がり、おしりを巣の縁にもってきて、総排泄腔（そうはいせつこう）が盛り上がるというか動いたと思ったら、ピュッと糞を巣の外に飛ばしたのだ。八〇センチメートルくらいは飛ばしたと思う。そう、カラスの巣は衛生的なのである。糞を巣に落とすと、巣のなかが糞だらけになる。そうならないように、勢いよく外に飛ばすのである。よく見ていたら、みな同じことをすることがわかった。どうりで、洗面器から一定の距離付近にかぎって汚れがひどいわけだと合点した。その後、この行動は「カラスの糞飛ばし」というよび名で研究室に定着した。あとでわかったことだが、自然の巣で育つ場合は、親ガラスが子どもの総排泄口から落ちそうな糞を巧みにくわえとり、捨てにいくのである。

　さて、最初のカラスのヒナを譲り受けて一週間経ったころ、また巣の撤去があるので、ヒナを受け取りに来るように連絡が入った。四羽でも結構たいへんな育児作業である。とは

いっても、もう少し個体数はほしいし、お付き合いもある。Ｉさんに再び東京へ行ってもらい、連れてきた。今度は三羽である。これも、孵化後一週間から一〇日前後と思われる。解剖準備室は保育園さながらの賑（にぎ）やかさになってきた。

　こんなとき、ありがたいと言うべきか、困ったと言うべきか、近所で巣落ちしたカラスを保護したが大学で預かってくれないかとの連絡が入る。なにせ、本学は地域に貢献することをモットーとする大学。カラスを預からずして、なにが地域貢献だということになる。これもお引き受けとなった。都合、八羽の子ガラスが同居。カラスの親でも育てられないはずである。しかし、Ｉさんはとにかくがんばった。お世話ばかりでなく、日々の鳴き声のデータ取りもはじめている。声変わりを突

き止めるのだから、日々の録音は欠かせないのである。集音器のマイク、箒やバケツ、哺乳瓶代わりのエサやりスプーンを交互に持ち替える日々である。
そうこうしているうちに、ヒナが人工巣から出歩くようになった。これがまた、たいへんである。カラスのヒナは、部屋中を動き回る。すでに設置している孵卵器、冷蔵庫、段ボールの上などを飛び回るし、巣のなかではないから糞も所構わないのである。八羽のカラスが遊び回るのだ。部屋のサイズは六畳半くらいだが、一気に掃除が追いつかなくなった。育児疲れのIさん、「センセイ！　すみません！　解剖準備室はカラスの糞だらけです！」と謝りにきたが、とがめるわけにもいかない。ほかに場所がないのだから。しかし、驚いた。部屋は鳥特有の白い糞が、足の踏み場が

やっとの密度で散らばっている。鳥の糞は尿酸が強く、結晶化して付着するとなかなか取れない。実は、糞の白い部分は糞ではなく、哺乳類でいえばオシッコにあたる。タンパクの分解産物としてアンモニアができるが、この有害な成分を哺乳類は尿素にして水分にとかし、排泄する。いわゆる尿、オシッコである。想像がつくとおり、オシッコは大量の水分である。ちなみに、人間の一日の尿は〇・五～二リットルくらいである。尿酸は水分が少ない結晶の形で排泄されるので、飛ぶ鳥にとっては身を軽くする排泄戦略になっているのである。

ところで、この尿酸は水にとけづらく、掃除がたいへんである。研究終了後の部屋の掃除は、研究室全員体制で取り組んだのは言うまでもない。また、声変わりの済んだカラスたちは表の檻(おり)に移され、Iさんによる上げ膳据え膳のVIP待遇に終始符が打たれたのである。Iさんも、声変わりの研究が無事終了し、親離れしたカラスにほっとひと安心というわけである。

苦労の甲斐があって、カラスにも声変わりがあることがわかった。人間は成長に伴い声帯をつくる組織の化骨化や構成する構造の割合が変化するが、カラスにおいてもそれと同様に発声器官である鳴管の大きさと、それを動かす七種もある鳴管筋の成長が大いに関係していた。特に、二～六週齢にかけて気管の幅、軟骨の化骨、鳴管の内部構造の構成比の変化がみられたのである。Iさんは「Crow's mama」をしながら、本来の仕事もしっかりやってのけたのである。

コラム5　鳥の糞

鳥類は、タンパク質の代謝産物として出てくる有害成分のアンモニアを尿酸という結晶物として排泄する。人間も含め哺乳類（ほにゅうるい）の場合は、水にとける尿素として排泄しているのは知っている方も多いと思う。哺乳類では、いったん膀胱という貯尿タンクに貯え、一定の量になると尿意を感じ排泄するしくみになっている。さて、鳥の場合は空を飛ぶ生き物なので身を軽くする必要があり、水分を貯める膀胱をもつことは不都合である。そのため、水分をあまり必要としない尿酸として排出する生理機構をもったと考えられる。そして、排泄するときは糞として体外に出すのだが、鳥の糞をよく見ると白い部分と茶色や赤茶色の部分がある。実は、オシッコにあたる尿酸は白い部分に多く含まれている。色のついているのが、いわばウンチである。ただ、色がついている部分は、食べ物によって緑色や茶色など様々である。場合によっては、糞のなかに木の実なども見られる。いずれにせよ鳥の場合、オシッコ代わりの尿酸も大腸からの糞も総排泄腔（そうはいせつこう）といって出口は1つ。だから、白い部分と色のついた部分が混じった糞となる。

ダチョウの卵を孵化したい！

日本でダチョウが良質の肉として有望視されはじめたのは、一九八八年ごろからである。二〇〇〇年はじめには、国内全体で九五〇〇羽ほどのダチョウが飼育されていた。宇都宮大学が所在する栃木県は、もともと酪農が盛んな県で、都道府県別ランキングでみると生産乳量は二〇一七年度全国六位である。また、和牛肥育も盛んな土地柄である。そのような土地柄だからか、良質の肉を生産するダチョウ飼育に畜産の観点から興味をもつのも当然だろう。県北のとある地にダチョウ牧場ができたのである。教え子で県の畜産課に勤めているTくんから、その牧場で脚弱症(きゃくじゃくしょう)のヒナが出るのだが、その骨の様子を調べてほしいと依頼を受けた。仕事柄、Tくんもダチョウ導入に関わっていたらしい。

脚弱症は、体を支える骨がしっかり育つ前に体が大きくなりすぎて、骨と体重の折り合いがつかなくなると足に負荷がかかり、脚の歪曲、歩行困難となって、やがて淘汰(とうた)の運命をたどる。したがって、牧場経営者としては大きな損失となる。原因は過度な栄養供給、ビタミンD不足などいろいろ考えられるが、私は栄養学の専門家でもなければ家畜飼養学の専門家でもない。ただの解剖屋である。しかし、脚弱症のダチョウの骨を見るだけなら興味があるので、引き受けることとなった。生後一カ月未満の三羽の死亡および衰弱個体の解剖をすることになり、運びこまれてきた。ダチョウといえども、この月齢ではまだまだ小さい。体重二キログラム前後、体高は六〇センチメートルである。ちなみに、成鳥は体重一三〇キログラム、体高二三〇センチメートルである。ヒナのどれもが、やはり足の骨に異常がある。そもそも足の骨には脛骨と腓骨があり、それら二種の骨が一定の向き合いをすることで正常な動きができる。ところが、脚弱症の骨は、どちらかの骨が正常の位置から九〇度捻転したり、大腿骨頭が骨折したりしていた。

このような剖検をして、報告するお付き合いをしているうちに、孵化技術の相談をされるようになった。農場もダチョウを導入して日が浅く、自前での孵化を模索中であった。ダチョウの卵の孵化なんてめったに機会はない。後先考えずに、単純に好奇心がわいてきた。卵の孵化なら、ウズラ、ニワトリで多少の経験がある。そもそも、ウズラの孵卵器なら五台もある。実は、その前の年までウズラの色覚の刷りこみ実験を手がけていた。孵化一～二日前に卵の上五ミリメートルくらいのところを丸くデンタルドリルで削り、卵の殻をお皿状に一部取り除き、半透明かつ通気性のある特殊なフィルムで代わりに蓋をして、ほぼ孵化目前の胎子に赤の光、青の光、黄の光などを当てながら孵化させる。ちなみに、ウズラの卵は二〇日で孵化する。そうして、孵化前に光の刷りこみをさせ、育雛時あるいは成熟してからの照明でエサの嗜好や行動に応用するのである。刷りこまれた色のエサならよく食べるなどの効果を期待したのである。そんな研究をしていたので、孵化という言葉に親近感をもっていたし、ダチョウの卵の孵化に妙に刺激されたのである。学生にこのことを話したら、みな乗り気である。ダチョウの卵と聞いただけで、アフリカに行けるかのような思いになっている感もあった。青年は夢が短絡的に広がるものらしい。というか、若者に宿る冒険心をくすぐる言葉があるようだ。その一つが「生物」の名前であり、国境を越えるイメージをもたせる。その意味では研究室全体で取り組めそうで安心である。

そうこうしているうちに、有精卵が届けられた。なんと、知ってはいたがあらためて目の前にするとダチョウの卵は大きい。ラグビーボールよりひと回り小さい程度。重さは一・六キログラム前後、ニワトリの卵一個が約五〇グラムだから、ニワトリの卵三〇個分になる。多少、予習したところ、湿度は三〇％、温度は三六℃、転卵の回数は一時間おき、孵卵期間は四〇～四四日とある。結構ハードな予感がする。ウズラの孵卵器を使うつもりだったが、ややせまい。実験室の恒温器を使うことにした。湿度も調節できる。学生たちも卵を覗いて、なにやら好奇心と期待のまなざしである。

卵は二つである。個体識別のため、マジックでＡ、Ｂの記号をつける。さて、いよいよ抱卵ならぬダチョウの継母たちの戦いがはじまった。継母部隊は、修士学生四人、学部生七人の態勢であった。日中はたいていの学生がいるので、特に支障はない。問題は夜である。塾の講師、居酒屋、ビル掃除のアルバイトなど、学生たちにも生活がある。とにかくシフト表をつくり、一時間ごとの転卵である。数日は、それでもみな交代でワイワイやっている。ダチョウの卵が孵化する瞬間を考えるだけで、ワクワクしているようだ。しかし、孵卵をはじめて一〇日もすると、学生たちの会話に弾みがなくなってきた。さすがに、寝ずの番の状態に近い日々、大部屋に空の一升瓶がどんどん増えていく。私の差し入れや、陣中見舞いの仲間からの差し入れなどである。待ち時間は酒盛りである。白夜と化した研究室は、ほかの研究室からの訪問者もあり、夜のたまり場になっていたのである。酔っぱらってダチョウの卵焼きをつくろうなんてことにならないだろうかと、心配事は増す。

そして、また一〇日、衝撃的な出来事もなく、疲労感だけは増していくのであった。そもそも、殻が厚くて胚が発生しているかわからない。鶏卵なら検卵器という光放つ機具を殻に当て透かしてみると、血管が見えてくる。そのうち、赤い塊が膨らんだり収縮したりして心臓の原基が拍動している様子も観察され、孵卵が順調であることを確かめられる。それが、励みになる。ところが、ダチョウの卵は検卵器を当てても透けて見えないので、孵卵が進んでいるのかわからないばかりでなく、発生していない卵をお世話しているのではと不安になってくるのである。あの手この手のライトを使って検卵を試みるが、うまくいかない。

それからまた一〇日、孵卵をはじめてからすでに一カ月が経過した。もう、黙々と転卵をするだけである。ただ、ダチョウの卵の孵化に挑戦するまでは、恒温器を一時間ごとに開けたり閉めたりしたことがない。普段は一日数回である。そんな使い方が悪かったのか、恒温器の様子が変になってきた。温度を一定に保てない、どんどん上がってしまうのである。あるとき、気がついたら四〇℃になっていた。これはまずいということになり、人の体温に近い温度でやっていたから、ダメ元で人が温めようということになった。これまたたいへん、ダチョウのメスのようにジッと抱卵はできない。できるだけ静かに動くにしても、肌着一枚レベルの距離で抱っこしていなければならない。研究室のメンバーでバトンタッチの抱卵である。夜は布団のなかに入れ、一緒に寝ることになった。一個はNくん、一個はわが家の息子が抱卵することになったのである。

実は、このダチョウの卵を孵化させる話をわが家で話したら、当時小学四年生の次男がものすごい興味を示し、孵化をやってみたいと言っていたので、これは好都合であった。次男は、普段はテレビにかじりつき布団に入りたがらないのであるが、私がダチョウの卵を抱えて「ただいま」と言うか言わないうちに卵を抱きかかえ、布団に直行である。そして、なん

とも幸せそうな顔で卵をおなかに抱えるようにして眠っているのだ。その後、次男は床に就くのが規則正しくなり、「ネナサーイ！」という家内のさけびもなくなった。ダチョウの卵は子守り歌よりもすごい効果があった。ところで、二年ほど前に次男はニワトリで同様のことを試みたものの、寝ている間に体が乗ったのか孵卵中の卵を割ってしまい、シーツも本人も黄味だらけ事件を起こしている。朝、目が覚めてしょんぼりと布団を眺め、その状況を半信半疑で見ていた姿が今でも目に浮かぶ。しかし、今回はその心配はいらない。殻の厚さはニワトリが約〇・四ミリメートルに対し、その五倍の二ミリメートルもある。人が乗っても割れないのである。それを聞かせてあるから、本人もかつての失敗のトラウマがないのだ。

Nくんも毎日持ち帰り、卵を抱いて寝ていたのである。さすがに、転卵は無理であった。せいぜい寝返りが転卵器の役目を果たすことになる。

結局、そんな奮闘がまた一〇日あまり続いたが、とうとうダチョウの卵は孵化しなかったのである。結果はともあれ、アフリカでもないのにダチョウを身近どころか生活の一部にできたことは、忘れられない経験となった。わが家の次男も、孵化しなかったダチョウの卵を宝物にすることでご満悦であった。実はその後、彼はわが家の庭で捕まえたカナヘビをペアで飼育し、卵を孵化させることができたのである。動物はなんであれ、卵を孵化させたいという次男の執着は終わっていなかった。カナヘビの卵を孵化させたのは、ちょうど家族旅行で北海道へ行ったときの出来事であった。ホテルの部屋で飼育箱を見つめていた次男が、突然「カナヘビのあかちゃんだ！」とうれしそうな声を上げたのである。そう、次男は孵化がいつかいつかと気が気でなかったため、プラスチック製の飼育かごを電車、飛行機と乗り継いで持ち歩いていたのであった。小さな命でも誕生は感動を与えるし、感動をすれば「命」を大切にする。期せずして命を学ぶ体験になった。

鳥インフルエンザ襲来

大学の研究室は分野にもよるが、病院の救急救命室ほどではないが、不眠不休の世界である。病院の救急外来で起こるような、生死の狭間にいる人を救うとか死んでしまったとかの瀬戸際で、忙しく対応に動き回る緊迫（きんぱく）した雰囲気とはちがうが、昼夜問わず、細胞の変化を見る、動物の行動を観察するなどがある。ビデオにまかせればいいじゃないかと思うかもしれないが、ビデオでは感じ取れない生命現象の動きとか変化を逃したくないのだ。映像とリアルはまったく異なる。息づかい、立体感のすべてがちがうのだ。実物を見ないと、一〇〇年求めていた一瞬を見逃すことになる。だから、どうしても昼夜問わずの仕事が多くある。そんなこともあり、研究対象によっては休みが取れない。また、多くの大学の研究者は、やれと言われた仕事というよりは自ら求めた仕事を行っている場合が多い。おのずと募る好奇心もあり、実験をしたいという気持ちが先立って、休日出勤となる。このような場合、本人は好きなこととはいえ当然、仕事と思って家を出るのだが、連れ合いにしてみれば、ほかの家の旦那と同様に、家のことは放っておいてゴルフに出かけるのと大して変わりはない。そんな生活を三五年間送っていると、家内も日曜出勤にもかかわらず、いつもと同じ「いってらっしゃい」である。なんら、普段の出勤と変わらない。その日もそんな感じで大学に向かった。もっとも、若いころ長男の出産に立ち合わず、奇形でどうしても介助が必要なネズミの出産を優先して失笑を買ったことはあるが、それも特段の汚点にはなっていないのは幸といえる。

さて、話を戻すとする。それは二〇〇四年のことだった。いつもの日曜出勤のように、会議とか講義の準備に追われる平日にはできない資料の整理や、頼まれている論文査読(さどく)の仕事をこなしたり、文献を読んだりしていた。なにせ、騒がしくおもわぬ事件や失敗をもちこむ学生もいない。電話もめったにかかってこない。日曜日はまさに、集中して仕事ができる環境である。ところが、その日はちがった。午後二時ごろかと思う。研究室の電話が鳴った。日曜日に電話がかかってくる場合は、あまりいい話はない。「カラスのヒナが巣から落ちているのですが、どうしたらいいですか?」「カラスが威嚇(いかく)してくるのですが、私になにか原因があるのですか?」など、緊急性がさほどない電話が多いのだ。ところが、その電話はそういった内容ではなかった。

少し話は変わるが、その一週間前に、大分県や山口県で鳥インフルエンザが発生していた。鳥インフルエンザについてこれまで経験がないだけに、日本中が神経質になっていた。大陸では、すでにいたるところで発生しており、渡り鳥を介して日本へ上陸することが危惧されていたが、それが現実のことになった。そして西日本にとどまらず、鳥インフルエンザは京都府でも発生し、全国に広がる危険性が強くなった。そして悪いことに、周辺で死んでいたカラスから病原ウイルスが確認されたのである。

ところで、そのころ私はひょんなことからカラス研究者として、いくつかのマスメディアに出ていたので、カラスのことなら彼だという図式のなかにあったのだろう。電話は、まさにそのことであった。これからインタビューに伺っていいかとのこと。どうせ大学にいるのだから、対応OKとした。一社だけかと思いきや、電話は次々にかかってくる。一社引き受けたのだから、なんとかなる感覚で数社はOKした。といっても、三〇～四〇分の間隔は置いた。夕方のニュース、夜のニュースに載せるインタビューとのこと。ところで、彼らの聞きたい内容が難問である。カラスはどれだけ遠くまで飛べるのか、それがマスコミの聞きたいことであった。しかし、これまで鳥インフルエンザもなかったし、あまり気にしたこともなかった。いずれにせよ、まもなく取材に来る。カラスがどこまで飛ぶかというまとまった研究報告はあまりない。私の知るかぎりでは唯一、東京の六義園のカラスで、九〇〇羽くらいに標識などをつけて放鳥し、どこで確認されたかという調査方法で研究されていた。その報告によると、飛翔範囲はほとんどが四～五キロメートル圏内であるとされていた。遠くて一〇キロメートルである。この調査とは別に、一例報告のような形で二年かけて青森県から茨城県に移動したカラスの報告もあった。これはこれで興味のある報告ではあるが、インタビューで軽々しく「七〇〇キロメートルくらい飛びますよ」なんて言ったら、日本中がパニックになる。そもそも、一例報告であるうえに、二年かけて移動した話である。ウイルス感染拡大の予測としてはまずい。しかし、よりどころは、そんなところしかもちあわせていない。とにかく、まもなく取材が来る。うかつなことは言えないし、安心であるとも言えないのである。まさに、究極の選択をしなければならない。

やがて、守衛室から電話が入る。N放送局の記者が到着である。やはり、夕方のニュースに間に合わせるべく急いでいるというか、今の技術はすごい。取材の映像をN放送局がある渋谷まで飛ばせるらしい。数人のスタッフが、ヘッドホンみたいなもので連絡しあっている。「こちらOK」「はじめてください」などの声が行きかう。外に中継設備の車が待機しているようだ。

さて、問題はカラスの飛ぶ距離である。この期に及んでマイクを向けられながら口を閉ざすわけにもいかず、東京のカラスでの調査との前置きをして、「ほとんどのカラスの飛翔範囲は半径四～五キロメートルで、まれに一〇キロメートルくらい飛ぶのもいるから、それが移動範囲でしょう」と答えた。そもそも、養鶏場があるような山間部に近い場所のカラスの密度や飛ぶ距離なんて調べた人がいないという実態も付け加えたが、それはまったくニュースにはならない。安心・安全につながるか、余計な恐怖心を煽るかわからないが、今回のニュースの価値は四キロメートルとか一〇キロメートルの数字である。大げさになるが、それによって日本がパニックになるか、ならないかが決まるのだ。ただ、感染して死んだカラスが見つかったことがもっと大事で、感染したら長距離の飛翔もできずに死ぬことを考えると、感染したカラスは飛翔範囲もせまいのでは、とも付け加えた。一度こう答えると、自分の言葉はやたらとは変えられない。ほかの局への対応は、いわばコピペになってしまう。そうでなければ、チャンネルを変えたら同じ先生がまったく別のことを言っているみたいなことになる。普段、大学の教員というのは好きなことをやって、若い学生を相手にしているから、変人を見るような視線を多く浴びる感をもっていた。ましてや、カラスを相手にしていると「カラスの研究ですか?」と不思議がられる。しかし、そのカラスをとおして、シリアスな現実の問題に対する大学教授の意見みたいに扱われると、うかつなことは言えないくらいの分別はまだあったようだ。

さて、そのためかどうかはわからないが、いつの日からか鳥インフルエンザが発生すると、「〇〇県の××町で数十羽のニワトリが死んでいるのが見つかり、家畜保健衛生所で確認したところ、鳥インフルエンザであることがわかりました。これを受けて○○県は、△△養鶏場のニワトリ二万羽を処分することにしました」などのあとに、「△△養鶏場を中心として、半径一〇キロメートル圏内のニワトリと卵は移動制限になりました」という流れで報道されるようになった。その後、鳥インフルエンザは毎年のように発生するようになった。二〇一六年度には家禽（かきん）だけでも九道県で一二事例、野鳥などでは二二都道府県で二一八事例の鳥インフルエンザ感染例が報告されている。しかし、どこの放送局も、もはや「カラスはどこまで飛ぶのですか？　急ぎでお願いします」などと言って、さも緊急ニュースという雰囲気で尋ねてこない。十数年前は一件、二件で大騒ぎしていたのが不思議である。だんだん騒がなくなってきている。実は、今の反応のほうが正しいのではと考える。人にも感染するかもしれない雰囲気で報道したマスコミがつたない。

　それはそれとして、私としては、今こそ訪ねてきてほしいと思う。最初の鳥インフルエンザで大騒ぎしたときに、養鶏場があるような人里から離れている地域で、カラスなど鳥インフルエンザのキャリアになりやすい動物の飛翔距離はもとより、どんなところに行っているのかなどの研究がないことにはじめて気がついた。そして、それに関わる研究者として、研究の重要性を切に感じたのである。またしても、解剖学研究室としてはあやしい進路をたどることになるが、現場のニーズには解剖学とか生理学とかの枠で考えていたら応えられない。気がついた者が、もっている武器で最大限動くことが大事である。以来、家畜が飼育されている人里離れた場所、つまり田舎のカラスの動向を探るプロジェクトを立ち上げるべく、奮起した。まずは研究費の捻出だが、鳥インフルエンザをうまくキーワードに盛りこみ、先端手法として位置情報観測システム（GPS）を使うこと、解明される事実はきわめて公益性が高いことなどを並べつくし、科学研究費助成事業の助成金が大きいものをねらった。タイトルは「カラスの感染伝播と飛翔軌跡の解析」と、ストレートに勝負した。ねらいが的中したのか、鳥インフルエンザの脅威（きょうい）が審査員を動かしたのか、基盤研究Aという四八七五万円の研究費がついたのである。

この研究は、カラスが移動した位置情報を継続的に記録し、カラスの飛翔軌跡を解析するというしくみである。そのためには、カラスに位置情報を記録しておく機械を背負わせて放鳥し、そのカラスを再捕獲して背負っている機械から飛び回った軌跡のデータを取り出す必要がある。したがって、機械を背負わせるカラスを捕獲する罠づくりからはじめて、そのカラスにGPSロガーを背負わせ、放鳥し、さらに罠に戻ってきたカラスの機械からデータを抜き飛翔軌跡を調べる、いわばカラスのストーカーである。そもそも、戻ってくるかどうか

わからないカラスに、一個六〇〇〇円のGPSロガーをつけて放鳥する。その数は三六〇羽である。だから、六〇〇〇円×三六〇羽＝二一六万円がすべて水の泡になるかもしれない。考えようによっては博打（ばくち）である。しかし、病原キャリア候補であるカラスの飛翔範囲を知り、鳥インフルエンザの拡がりの範囲を予知できれば、処分するニワトリの数もかなり少なくでき、研究費の何倍も経済的に貢献できる可能性もある。だからこそのチャレンジである。カラスが多く戻らなくても、突破口になればいい。とはいいつつも、罠には焼肉屋から食い残しや目一杯上等な肉の切れ端をもらいうけ、どうしても罠に戻りたくなる環境づくりを心がけた。そう、もはや罠ではない。カラスにとっては夢の食卓である。

このように、罠に戻る環境づくりには配慮したが、こちらの心配をよそに、そのうち一二六羽は戻ってきた。いろんなところへ飛び回って、なんともすばらしいカラスの飛翔軌跡を小さな二五グラムの箱のなかに詰めこんで帰ってきたのである。まさに地方の、さらには畜産現場に近いところで生活するカラスのふるまいがわかったのである。しかし、もはや誰も「カラスはどこまで飛ぶのですか？」と聞いてくる者はいない。なにも起こらないことはいいことであるが、そのときだけ騒いでばかりいるマスコミの動きやそれに同調する昨今の社会を思うと、本当の危機に遭遇(そうぐう)したときの対応が心配になる。おもわずイソップ物語の羊飼いの少年の話（オオカミが来た！）を思い出す。

カワウの内臓はゾンビの世界

有害鳥獣の解剖を引き受けていると、カラスの解剖が圧倒的に多いが、たまにカワウやカモも対象になる。この話は、隣町の有害鳥獣駆除の死体の解剖を引き受けたときのことである。ハンターの多くがサラリーマンや商売を営んでおり、その都合もあって有害鳥獣駆除は週末に行うことが多い。週末ではあるが、町役場の担当者からあらかじめ駆除が行われるとの連絡が入っていたため、研究室のメンバーには午後三時くらいに集合し、採材に必要な解剖メスやらハサミなどの道具を準備して待機するよう指示しておいた。ハンターの集合場所である町役場の駐車場に私がたどり着いたときは、いつもの猟友会のみなさんもすでに狩猟を終えて、撃ち落としたカモやカラスを首実検のために並べていた。つまり、環境省に捕獲数を届けるため、捕獲された動物の種と数を記録する作業である。写真を撮ってカラス○○羽とか記帳するのである。自治体によっては補助金を使って首一つに報奨金を出すところもあるから、重要な作業である。もともと首実検とは、戦国時代に敵を仕留めた際、それを手柄の証拠として味方の大将に見せることを言う。敵の大将など位の高い人なら、ごほうびも大きい。だから首実検とは正式な言い方ではないが、仕留めた鳥を首に見立てて、そうよんでいる業界用語である。

ちょうど、そんな作業中に役場へ着いた私に、顔なじみである猟友会のAさんが「センセイ、今日はカワウも獲れたよ！」とうれしそうに話しかけてくる。そもそも、カワウは川の水面に浮かんでいるか、魚を求めて潜っている。あるいは飛んでいても低い飛び方をするので、水平撃ちを禁止している「鳥獣の保護及び管理並びに狩猟の適正化に関する法律」の規制のなかでは引き金を引くチャンスは少ない。それだけに、うれしいのだろう。「もっていって、これも研究してみたら？」と、今度はおすすめ口調である。

実は、狩猟された鳥でカワウの人気が最も低いのだ。カラスは、大学の研究材料以外にも農家の畑に吊るしてカラス対策に使うため、農家の人がもっていく。カモはまさにネギは背負ってこないが、ジビエ料理など狩猟仲間でいただくという構図なのだ。一方、カワウはカツオドリ目ウ科に属する鳥で、川魚を主として捕食し、大きなコロニーをつくって糞による環境汚染がはなはだしい。生魚を飽食しているだけに、体臭が生臭く、とても食べる気にならない。つまり、カワウだけは引き取り手がいない。私もカワウについてはさほどの興味はないし、余計なものを持ち帰り、スタッフの負担を増やしたくない。と思ったものの、結局のところ、カワウの解剖というか思いがけない経験をみんなにはさせてしまうのだが、その光景はもう少しあとに紹介しよう。

栃木県に限らず、カワウの被害は全国的である。鮎で稼いでいる地域は、ほとんどカワウ

を目の敵にしている。なにせ、長良川の鮎漁での活躍のとおり、カワウは鮎を獲ることに長けた鳥である。魚を獲るなと言っても、聞く耳をもつ相手ではない。そんなこともあり、狩猟の対象になっている。さて、その日の首実検の場には、カモ一五羽、カラス一七羽、カワウが五羽横たわっていた。もちろん、カラスは全部いただくのだが、猟友会のみなさんのさらに強いおすすめを断りきれず、カワウも持ち帰ることとした。そもそも、運搬用のトレイに移して引き取る段階でなにやら生臭い。撃たれて死んでいるので、決してきれいな状態ではない。さらには、撃たれてからだいぶ時間が経っているため、少し腐敗臭なのか、つらいにおいも混じっている。体はカラスの三〜四倍あり、体重は二キログラム強である。首が長

く、足には水かきがあり、それは足の皮膚と同じく黄色である。

まずは、解剖室へと急ぐ。出発前に、研究室には今日はカワウもいることを連絡しておいた。到着すると、学生たちはカワウが手に入ったことの珍しさが先に立ち、喜んでいる。私の心配は杞憂だと思ったのは、その場だけである。とにかく、運んできたカラスとカワウを解剖台の上に並べる。学生もすでにカワウのにおいに気がついているようだ。普段マスクなしで解剖を行うMくんも、さりげなくマスクを着けだした。しかし、ここまできてやったこともないカワウの解剖を回避するのは、解剖学の研究をやっている者としては禍根になる。二人の学生に指示し、カワウの解剖を実施したのである。くさいながらも、腐ってはいない。カワウ独特のにおいと割り切って、開腹に入る。その瞬間に、なんとも見たことのない光景が目に入った学生は「センセイ、気持ち悪いっす！」とさけんでいる。何事かと思い、おなかを覗いたとたん、私もさけばずにいられないほどのおぞましい光景が目に飛びこんできたのである。開腹したカワウを覗きこむと、内臓の表面に寄生虫がウヨウヨいるのだ。糸ミミズのようなものから、もう少し大きなものなど、そう、線虫である。線虫は、見た目がとても気持ちが悪い寄生虫の一つである。それが、腹腔に出て内臓の上にうごめいているのもあれば、胃や腸の壁から体の一部が突き出ているものもいっぱいいる。まさに、地面からニョロニョロと細長い生き物が出てきて人を襲うゾンビ映画の世界である。線虫にもいろんな種がいるのか、大きさや太さにバリエーションがあった。調べたところによると、アニサキスという寄生虫も含まれていた。これは魚に寄生するから、魚を捕食したカワウの体内で繁殖したのかもしれない。このようなことはたまたまかと思い、ほかの二羽も解剖を行ったが、状況は似たようなものであった。

そもそも、カワウは魚についている寄生虫を魚ごと呑みこむ図式になっている。だから、寄生虫がカワウのおなかを第二の世界として、生命活動を続けていることになる。一方、旺盛な探求心の学生はゾンビが胃壁を突き抜けて頭を出していようが、胃内容物の確認に努めた。胃のなかは、魚、魚、魚であった。カワウも鳥であるから、歯はもたない。したがって、踊り食いのごとく丸呑みするのが好きらしい。考えもせず問題意識ももたず人の意見を受け入れることを「鵜呑み」と言うが、カワウは口に入れた魚を丸ごと呑みこむのである。三羽とも、胃のなかには見事だったと思われる鮎が粘液でとけかけている。とにかく、カワウの解剖は、想像力の歯止めがなくなる。アミメニシキヘビに呑みこまれた人間もこんな感じで表面がとけていくのかと、リアルな想像ができるくらいおぞましいのである。においも相当の生臭さである。ただ、カワウもすごい。胃の壁、腸の壁を線虫に貫通されようが、出血がみられるわけでもなく、平気で日常の生活を行っているのだ。そんなことから考えると、カワウが線虫を保有していることは常なことなのだろう。それでも元気に飛び回り、鮎の釣り人からは目の敵にされている。

そういえば、何年か前に、某医大の寄生虫学の先生が、寄生虫がなにかいいことをしているのではという発想から、一生懸命に寄生虫をすりつぶして、そこからアトピーなどを予防する物質を抽出し、寄生虫がアトピーや花粉症の予防に役立つことを明らかにした話を思い出す。その先生はたしか、自らの身体に寄生虫を住まわせ、すこぶる健康な生活をしたという話もあった。カワウと寄生虫の共存をみると、寄生虫学の先生の提案に信憑性(しんぴょうせい)を感じてくる。

ところで、線虫の卵や、卵に限らず成虫も相当数カワウの糞に出ていく。聞いた話では、カワウの糞は強烈なにおいを放つとともに、非常に尾を引くような糞とのこと。ひょっとして、大量の寄生虫を排出するがための糞の形態なのではと考えてしまう。

コラム6　地道な基礎研究の危機、研究費が危ない！

いつのころからか、大学の研究費が大幅に削減された。というか気づきつつも段階的で、一大事になったと実感を得るまでには時間がかかった。国立大学が法人化に移行すると、その傾向は急激に進んだ。多くの大学は、国から配分される設備費や人件費など運営に関わる財源が減った分を先生方に配分する研究費から補った。研究はもちろんだが、大学の人件費や施設整備の充実も必須である。ボロ大学に学生は来ない。高校生に目を向けてもらうには私立大学並みとは言わないまでも、モダンできれいな大学であってほしい。いずれにせよ、研究費は大幅に減った。皮肉なことに、数字的には文部科学省が示す研究予算は毎年増加していることになっている。このからくりは、国家的戦略の難病や災害への緊急課題解決への予算配分が多くなっているためである。もちろん、その必要性は理解できるが、その課題に立ち向かう頂点となる研究が行えるのは、これまで細々でも多様で地道な研究が保証されてきたからである。山の頂（いただき）がトップサイエンスなら、山々を連ねる裾野が基礎研究である。裾野がなくては頂がないのだが、そのことが理解されていないようだ。そのうち、山頂であるトップサイエンスも崩れるのではと心配になる。

そんなことあるの？
カラスには精巣も卵巣も
見つかりません！

野生動物の体のつくりや生理が家畜とはだいぶちがうことは、知識のうえでは知っているのだが、実際に目の当たりにすると、そう簡単なことではない。農学部だから鳥にしてもウシにしても、常時、繁殖の生理現象をコントロールして生産に応用している。たとえば、動物の繁殖行為の産物である牛乳や卵を横取りするために改良されてきたから、ウシはミルクをたくさん出せるような乳房になっている。普通のホルスタイン種は一日二五〜三〇キログラムであるが、高泌乳牛に改良されたホルスタイン種のスーパーカウとよばれるウシは、約七〇キログラムの牛乳を生産する。卵用種のニワトリはほぼ毎日卵を産むように改良されたから、明日生まれる卵がわかるくらい卵胞が大きくなっている。そう、農学部の学生は極度に人間生活に利用される動物を相手にしているから、動物の本性というか野生の状態は見たことがない。教員もしかりである。この物語は、その無知と経験不足が恵んでくれた話である。

ところで、研究室では近隣の市町村が行う有害鳥獣の狩猟対象になったカラスの解剖を行うことになった。ある日、H町の農村振興係から恒例の有害鳥獣駆除の実施予定について連絡が入った。以前から、駆除がある場合は死体の譲り受けをお願いしていたのである。

ゼミのときに「来週末はカラスの解剖を行うけど、手伝える人はいますか?」と尋ねると、学生から「えっ、カラスですか?　カラスを解剖してもいいんですか?」「たたりとかないですか?」と真顔でというか不安そうというか、やや気持ちが萎えてそうな声で質問が入る。たしかに、カラスといえば映画では薄暗い墓地の情景にあわせて登場するし、地方によっては「カラスの夜鳴きは死人が出る」など、なにかと不吉なことに結びつけて語られるから、深層心理のなかでカラスは普通の動物以上に不穏な位置づけになっているのかもしれない。黒と喪服をつい結びつけてしまう発想も、そんな心理が働くのだろう。

しかし、そこは科学を行う大学の、こと農学部である。語り継がれるカラスの話を科学的に分析する。たとえば、「死人が出る」というのは、悪魔の使者のように不吉な予言能力をカラスがもっているわけではない。昔は在宅看護という言葉はなかったが、今のように寝たきりの高齢者を預かる病院や施設もなく、家でだんだん病状が悪くなり亡くなっていった。亡くなる数日前からお別れの日が近いということで、人の往来が多くなる。そして二〜三日後は、お墓にお供えが豊富になる。そんな時間の流れと人の動きの因果を賢い鳥、カラスは読み解けたから、不幸が起こる家の周りに集まってくる。カラスは夜でも多少は行動するから、「夜鳴き」もするのである。その道理を知らないから、人はそれを見て「カラスが夜鳴きをすると不幸が起こる」「不吉を予言する鳥だ」「薄気味悪い」と考えるようになったのではないか、と持論を語り、決してたたられたりすることはないと、学生の不安を払拭すべく熱弁をふるうのであった。さらに、カラス解剖のミッションは、彼らの胃の残留物を調べて、日常なにをどの程度食べているかを明らかにし、農家のカラス対策につなげることである。農学には科学を生活に役立てるミッションがある。世の役に立つというモチベーションを上げるべく、「迷信ではなく科学で考え、科学的に行動するのだ！」とさらに力説し、学生たちを安心させる必要があった。実は、私もそのような言い伝えが強く残っている田舎で育っているので、学生たちの気持ちがまったくわからないでもない。

話は少し飛ぶが、日本では有害鳥獣による農作物被害が毎年二〇〇億円ほど出ている。そのなかで、カラスによる被害は一〇％にものぼる。これは、畑作物、果樹など比較的計算しやすいものだけの数値で、ウシの乳頭がカラスにつつかれ乳房炎を発症し、結果的には廃用（乳牛としての役割を終える）に追いやられるケースなどは計算されないことが多い。いずれにしろ、カラスがなにを食べているかがわかれば、その行動も予測できるし、ねらわれる農作物もわかるので、その分析が必要なのだ。食べ物に毒を盛るのはご法度であるから、なにかしかけるくらいの対応になるが、それでも対策にはなるのである。このようなわけで、解剖して胃のなかのものがわかったら各市町村に情報提供をするし、講演などでも紹介して対策のヒントにしてもらう。大げさかもしれないが、解剖学の地域貢献である。

さて、有害鳥獣駆除の日がやってきた。詳しくは第七話を読んでいただきたい。今回はカラスを二五羽預かり、大学に到着。解剖室には、ゼミでカラス解剖の意義を説き聞かされ、やる気になっている学生五人とA准教授が待機していた。このころは、解剖の手順もまだマニュアル化しておらず、まずは足に番号札をつけ、体重やカラスの種類を記録し、次におなかを開け、胃の摘出に取りかかった。胃の内容物が目的だから、それはそれで妥当な流れである。ニワトリなら何度も解剖しているし、学生たちもすでに学部初期の実習で経験済み。さらに、研究室に配属後はことあるごとに手伝いで解剖をしているから、まったく問題が生じることは考えていなかった。想像していたこととしては、やっぱりカラスは気持ち悪いと言って、戦力から抜ける学生が出てくるかもしれないと思った程度である。

ところが、胃の摘出からなにやら不安がよぎる。そもそも、撃ち落とされたカラスである。腹腔（ふくくう）が血の海というか、内臓がすぐには見えない個体も多い。また、このときに気がついたのだが、ニワトリではいわゆる砂肝と称する筋胃なるものが、カラスではははっきりしない。ニワトリの筋胃は、まさに筋肉の塊で、食べた穀物などを砕く歯のような役目をするため、円盤状で硬い臓器である。ところが、カラスにはそれがないというか、やわらかい袋状なのだ。はじめは気がつかず探したが、食道、腺胃という順にたどり、それほど時間もかからぬうちに胃の位置も理解でき、その取り出し作業に入った。学生たちも、この期に及んではひるむでもなく、ニワトリとのちがいに興味をもってすっかり場に馴染んでいる。ハシブトガラスの胃では、野鳥かなにかの羽、人間の食材の食べ残し、家畜のエサなど、ハシボソガラスの胃では種子、稲の実などがみられ、二種の食性のちがいを実感できた。

さて、胃の摘出も終わり、オスメスの性別を確認する必要があるため、学生たちに判別するよう指示した。私とA准教授は、胃の内容物の写真を撮り、資料として内容物を分類し、サンプリング袋に分ける仕事に回った。胃の摘出時は賑(にぎ)やかに作業が進んでいたが、性別判定になったら学生のおしゃべりが聞こえなくなってきたのに気がついた。しかし、こちらも忙しい。むしろ、真剣にやっているだろうくらいにしか考えていなかった。三〇~四〇分は時間が経ったろうか。学生たちから「センセイ、さっぱりわかりません」「精巣も卵巣もないです」という声。私は頭のなかで目一杯大きくなった黄色い卵胞をもつニワトリの卵巣を思い浮かべ、「そんなはずはないだろう。ニワトリの卵巣を連想してごらん」と言葉を返しながら、カラスの開かれた腹腔を覗いてみた。なかは、さきほど胃を摘出した際の出血、撃たれたときの出血のどす赤黒い液でいっぱい。「これでは、見えないだろう」と言いつつ、血液を吸い取る。視野はだいぶよくなってきたが、なるほど、見当たらない。いくらカラスはニワトリより体が小さくても、ニワトリの半分くらいの卵巣や精巣はあるはず。それなら肉眼でもすんなり確認できるはずである。ニワトリの卵巣の半分なら、真珠の球が三〜四個集まった感じである。しかし、見当たらない。精巣でも真珠の球一個分はあるはず。それも見当たらないのである。

学生が「精巣も卵巣もない」と言ったのは嘘ではなかった。あるはず、と思い探したが、どうしても見当たらない。立場上「ないですね。そんな生き物もいるさ、ワッハッハッ！」と、笑いでごまかすというわけにはいかないのである。個体を変えてみたが、それも同じである。見えるべきものが見えていない場合は、見る側の準備がまったくできていないものである。再度、挑戦をしてみる。あわてず、知識のなかの鳥の腹腔の地図を念頭に、落ち着いて見てみる。なにやら、腎臓の上、副腎の少し上に、目をこらして見ると数ミリの粒々している組織が見えてきた。やはり、これは経験だろう。直観的に卵巣だと思った。そうすると、見方や同定法が具体的に浮かんできた。鳥の卵巣は、左しかない。卵巣と副腎の区別はまぎらわしいが、副腎は左右対にある。そんな観点で見て、副腎のそばにある卵巣らしきも

の、いや卵巣がわかった。一方、オスの見定めはどうかというと、同じように苦戦はしたものの、ニワトリとはまったくちがって見える卵巣をメスの同定で経験したので、思いこみを捨ててのぞんだ。そうしてみると、米粒大の小さな楕円の粒がしかるべきところに左右対称に見える。となると、それは精巣ということになる。こうして、このとき初めてカラスのオスメスの区別を剖検(ぼうけん)からわかるようになった。以来、何百例と解剖し鍛練はしているが、繁殖期以外の性腺を見分けることの難しさをしみじみ感じた出来事である。

その翌年の春にも、有害鳥獣の駆除対象となったカラスの解剖を行う機会があったが、繁殖期の精巣はソラマメぐらい、卵巣は真珠の球三個くらいの大きさがあり、簡単に確認できることがわかった。野生の動物は、日頃見ている家禽とは異なり、必要な時期にあわせて急速に発達し、時期が過ぎるとサッと身を引くあきらめのよさである。カラスは空を飛ぶ生き物だけに、不要なときはできるだけ容積を小さくし、軽くしているのだろうと考えれば納得もいく。このように、カラスは季節によって生殖腺の活動力がちがってくるのである。たしかに、オスの場合などは哺乳類みたいに大きな精巣が常にあると安定飛行に支障が生じてくる。

　ところが、カラスの劇的な繁殖戦略を知らなかった私は、おもわぬ失敗を重ねていたことに気づかされることになったのである。実は、家禽のイメージで考えていて、カラスの生殖腺が季節によってドラスティックに大きくなったり、小さくなったりすることを知らなかったどころか、生殖腺はデリケートに体内環境に反応する特性をもっていることにあらためて気づかされた。というのは、カラスの研究をはじめてから、カラスを育てて繁殖ができないかと考えていた。それができれば、身近なところで営巣の様子や子育ての観察ができる。場合によっては、ヒナから学習させ、知能行動の解明も飛躍的に進められると、勝手な皮算用をしていたのである。三年間くらい、血液検査でアンドロゲンという雄性ホルモンやジェスタージェンという雌性ホルモンの動態をみていたのだが、まったく動きがなかった。理屈では、春先に血中ホルモンが高くなるはずである。不思議には思っていたが、今回解剖した生殖腺が小さいことにヒントを得て、次年度の繁殖期に飼育しているカラスを一定間隔で開腹して生殖腺を見ることにした。幸い、あるのかないのかわからないほどの小さな生殖腺も確認できるようになっている。

いよいよ、開腹をして覗きである。カラスにとっては災難であるが、麻酔をかけられるため、痛くはない。と、人間側は勝手に解釈。その前に血液の採取、腹部の剃毛や開腹部位の消毒をし、人間の手術のような儀式を行って開腹である。肝臓と胃を脇に寄せ、腹部の背中側を探す。出血は最小限なので、撃たれたカラスほど腹腔に血液もなく、探しやすい。覗きこんだ奥に、小さな卵巣が見えた。数羽のカラスを見たが、どれも生殖腺の発達がみられないのである。その後、再び別のカラスを調べたのだが、どれもがやっと確認できるほどの卵巣と精巣である。ここまでくると、さすがになにが起きているかがわかってきた。そう、おそらく飼育されているカラスは繁殖を放棄しているのだ。いや、意識的かどうかは別として、性腺の発達がストレスかなにかで抑えられているのだろう。飼育小屋の大きさは三×三×三メートルほどで、数羽のカラスを飼育するには十分な空間と考えていたが、自然のなかを自由に飛び回るカラスにとっては、やはり牢獄（ろうごく）なのかもしれないとやや同情気味になる。

それにしても、カラスの繁殖戦略は自然の摂理にかなっている。こんな小屋のなかで子孫を残しても、子どもの幸せは望めないとでも思ったのかと、つい深読みをしてしまうのである。その後、血中ストレスホルモンである副腎皮質ホルモンの測定を行ったが、やはりストレスの徴候が出ている結果であった。知能が高い分、ストレスへの感受性も高いのである。

ハトには悪いが、カラス小屋の隣に建ててある予備の小屋に勝手に入って営巣し、子育てに励んでいるハトの姿を見ると、やはり少し鈍感なほうがストレスを感じることもなく、たくましく生きられるのかもしれないと、下世話な人間のまなざしで動物を比較してしまうのである。

解剖実習用のネズミの運命は？

解剖実習は医学部でも獣医学部でも普通に行われる。一般の人でも、そのことは容易にイメージできるだろう。医学部などには、死後自分の体を解剖実習に使ってほしいと名乗り出る人がいるくらい、解剖学教育の存在は浸透している。農学部でも解剖学教育が行われている場合が多いのだが、あまり知られていない。農学となると食の安全や環境の生活科学と思っている人が多いから、稲、野菜、果実、さらにはそれらを育む土壌に関する研究や教育がほとんどかと思われている。だから、なかなか解剖という言葉と農学部は結びつかない。しかし、農学部では日頃食卓にのぼる豚肉、鶏肉、卵、たまにのぼる牛肉のもととなる家畜の行動や繁殖の研究、教育を行っていることに気がついてほしい。「よりよく命を育て、よりよくいただくための科学」が行われているのである。だから農学部では、健康な家畜の管理やよりよい生産の面から、動物の体や生理についての知識が必要になる。よい肉質のウシを育てるとか、より多くのミルクを出すようにするには、ウシの消化のしくみや消化器官のことをよく知っておく必要がある。クローン牛をつくるにも、卵巣や子宮など、体の知識が必要である。そもそも、今は不妊治療が進んでいるが、人工授精や体外受精は農学が医学に先行して確立した技術である。その歴史からみても、獣医学部ほどではないが、獣医学科がない農学部でも大方の大学では、動物形態学とか動物生理学が講義され、その座学にあわせ

て解剖実習があるのは不思議ではない。

さて、これから紹介する事件は、その解剖実習中に起きたのである。家畜を対象にするのだが、学部一年生や二年生にいきなりウシやブタの解剖は少しきつい。はじめの数回は、骨格標本を使って動物の体の輪郭と骨格を把握する骨学実習を行う。イヌ、ネコ、ヒツジ、ウマなどの全身骨格を自分の体の骨と照らし合わせ、学習する。学生五～六人で一グループとなり、なんらかの動物の骨格一体分を囲む。もちろん、骨格標本だから血を見るようなことはない。学生たちも初めて見る本物の骨格だから、好奇のまなざしとともにグループ内でワイワイしながら骨に触わり、ここは人の腕の部分だとか言って確認している。人もそうであるがイヌやネコでは人の腕にあたる部分の骨が二本あるのに、ウシやウマではくっついたりなくなったりしている。ウマの前足や後ろ足は中指だけしかない。したがって、つま先で立っていることになる。いわば、バレリーナのようである。学生たちは、そんなことに感心したり驚いたりしている。こうして、骨学実習は平和に進むのである。観察する骨格を変えながら数回の骨学実習が終わると、いよいよ動物そのものの解剖実習に入る。

まだまだウシやブタの解剖には進まない。まずは、実験動物であるラットの解剖からはじまるのが定番である。学生によっては、製薬会社の研究所の実験動物管理、場合によっては研究者としてラットを使う場合もある。また、ラットは実験動物の位置づけになっているだけに小型で扱いやすく、哺乳動物の基本要素はすべてもちあわせているのである。あえて挙げるなら、胆嚢がないのが特徴でもある。いずれにしても、初めての解剖実習はラットの解剖となる。その年は、四人でラット一頭を解剖することになっていた。学生たちの多くは、自称動物好きということで、この科目をとっているのがほとんどである。もちろん、ネズミ、つまりラットにも興味をもっている。ラットは、体重二〇〇～三〇〇グラムの真っ白で目が赤いアルビノのドブネズミ科の動物である。

さて、今週はいよいよラットの解剖であることを実習のはじまりに宣言し、生きたラットが入っているケージを各グループの目の前に置く。これまで直面することがなかった、自分の手で命を頂戴しながらなにかを見ることへの不安と期待をもち、解剖実習を待ち望んでいる学生が多い。私は、ラットを指しながら、「命の尊さはかけがえのないものだけど、それをいただいて人間の命がつながるし、科学も発展しているんだよ。これから実習の対象となるラットの命を尊ぶためにも、しっかり学習するように」と実習の前置きの話をする。

学生の目の前にいるラットは、ケージでにおいを嗅いだり、実習室の見慣れぬ環境の様子を見たり、あっちこっち歩き回って落ち着かない様子。まさに、その動きはロボットではなく、生き物そのものであることを学生が実感することになる。一〇分ほど、においを嗅ぐしぐさや口唇に生えている触毛とよばれるヒゲの様子を観察するよう指示。この触毛はネズミにかぎらずイヌやネコでも口の脇に生えている長いヒゲであるが、指先のように触れるものを感じ取ることができる。だから、動物を知る意味では大事な部位である。動物ならではの動きや体のつくりを観察してほしいのである。学生たちは、自分のグループのラットの動きを物珍しげに見入っている。それが済んだところで、いよいよ麻酔のときがやってきた。このへんから学生は、命頂戴のイメージができてくるのか、少しナーバスになってくる。麻酔はおなかに注射器で麻酔液を入れる腹腔（ふくくう）麻酔である。本来は、実習の学生に注射からやらせたいところだが、「窮鼠（きゅうそ）猫を噛（か）む」との言葉どころか、第三話のように教授をも噛むのだ。学生が噛みつかれては実習もできなくなる。ということで、麻酔は手慣れたA准教授と大学院生が行った。こうして麻酔がかかった状態で、聴診器あるいは指で心拍を感じたり、動いている状態では観察できなかった乳頭を探したりなど、体表の詳細な観察をするのが一般的な実習の流れである。

そうこうしているなかで、深刻そうにしていた女子学生が、やおら自分のグループの麻酔で眠っているラットをつかんで解剖室から飛び出ていったのである。まさに、事件である。私も、一緒に実習をやっていたA准教授も初めての経験である。解剖中、気持ちが悪くなることはたまにあるが、動物を持ち出されたことはなかったのである。周りの学生たちも、どうしていいのかわからず、事のなりゆきを心配している雰囲気。まずは、ラットを持ち去った学生の心理状態が心配である。また、ラットの麻酔が切れて逃げ出されたら、これまたたいへんである。そもそも、このへんで白いネズミが見つかった、珍しいとかで新聞に載り、実は大学から逃げたらしいとでもなったら一大事である。まさしく、緊急事態発生である。悪い想像がどんどん膨らむ。初期消火が大事である。A准教授には実習室、つまり学生を動揺させないこと、落ち着いたら実習を淡々と進めるようお願いし、数人のティーチングアシスタント（TA）と私は、学生の発見に努めることにした。

もう、実習室の近くにはいそうもない。学部の敷地周辺をみなでひと回りである。まだ一

年生だから、馴染んでいる建物といえば、学部の建物以外は大学会館とか基盤教育棟などである。とにかく、ＴＡと手分けして探し回る。麻酔の持続時間も気になる。麻酔が効いているうちはいいが、ラットはペットとして飼い慣らされていないから、いくら命の恩人だろうが、麻酔が切れたらじっと手のひらに収まっている生き物ではないのだ。逃げられたら、やはりネズミである。早いし、小さな隙間を潜りぬけ、どこにでも行くだろう。完全にやばい状態である。とにかく、みんなで探し回るしかない。もはや絶望的になっていたころ、発見である。大学会館の裏側でシクシク泣きながら、ラットを両手で包むようにうずくまっている女子学生を見つけたのである。白衣を着たままだから、目立っている。幸い、ラットの麻酔はまだ効いているようである。まずは、彼女の心を解かなくてはならない。叱ってはならない。叱ったらどんどんかたくなになる。語

り作戦でいくしかない。「どんな命でも大事で、地上の命ある生き物は、それぞれが精一杯生を燃焼するけど、連鎖のなかで別の命に組みこまれていくこと、つまり捕食されて捕食者の命となっていく命もあるんだ。利己的な考えかもしれないけど、ラットの命はきみのように動物を勉強したいと思った人の知識を肥やし、ほかの動物をよりよく育てたりすることにもつながるんだよ」みたいなことを、とにかく気持ちをこめて語った。こちらも必死である。女子学生も黙って聞いていた。そして、しばらくしたら、ラットを手にもったまま実習室に戻ることになったのである。まだラットは覚醒していなかった。長い時間のようにも感じたが、麻酔が覚めないのだから、三〇分くらいしか経っていなかったのだろう。

実習室に戻ると、A准教授の指導で実習は進んでいたし、学生たちも何事もなかったかのように実習に励んでいた。ラットをもって逃げ出した学生のグループも予備のラットに麻酔し、ほかのグループと同じく進んでいてホッとした。さらに、感心したのは、同じグループの学生たちが逃げ出した学生に対してきわめて自然に仲間に入れる雰囲気をつくれたことである。少し遅れてきた仲間に進んでしまった部分をうまく伝え、彼女が今の流れにすんなり入っていけるように配慮したのである。いつもはぼやきが多い私だが、学生もなかなかのものであると思った、数少ない一コマである。

センセイ！
ウマの脳を研究したい！

大学院進学予定の学生Tさんから、ウマの脳解剖がしたいと申し出があった。これまた、最近ではなかった大物の動物が研究対象として現れた。「いいね！」と言う前に、私の脳裏にはいくつか心配事が横切った。簡単に考えると、二五〇グラムのネズミを処理するのと体重五〇〇キログラムのウマを処理する労力のちがいである。二〇〇〇倍のエネルギーを要するかもしれない。また、ウマの脳を手に入れる手段がイメージできない。

一方、「ウマ」であることと「脳」というキーワードが、妙に探求心を刺激する。もとを正せば、私は脳解剖が専門である。また、私の生まれ育った岩手県では、ウマは労役馬として人間の生活に欠かすことができない存在であり、人馬一体となっての生活感があった。たとえば、私が小学校低学年のころは、冬に山で焼いた炭を五～六キロメートルの距離、雪のなかウマを引く大人もつかずウマだけにそりを引かせて、炭小屋から里の実家まで運ばせていた。今でいう自動運転自動車のようなものだ。いや、それより優れている。行き先や危険回避のデータ入力が不要なのだ。馬そりへの荷づくりが終わり、父親がポンと尻をたたくと、ウマはわが家に向かってそりを引くのである。子どものころは、その馬そりに乗って、ウマを操るわけでもなく、ただただ炭の間に鎮座して炭小屋と実家の間を往復したのである。親もウマを信頼し、子どもである私も怖がらず、まるで犬ぞりに乗る感覚で馬そりに

乗ったのである。さらに郷里、岩手県は昔は南部駒という名馬の産地でもあった。そんなわけで、ウマという言葉にも神経解剖という言葉にも魅力を感じるので、Tさんの提案は望むところと言いたいが、今どきは農学部といってもウマやウシが簡単に手に入るはずがないことを思うと、やや気が重かった。

国立大学が法人化されてからは、なおさらである。経費削減のため、動物を管理飼育する人の人件費がまかなえなくなり、前任者が退職したあとの補充がないのだ。動物の飼養は、朝夕のごはんから健康管理など、休日もないのが現実である。酪農家と同じである。搾乳も毎日しなければならない。たとえば、出産後のウシは本来、子ウシを育てるための母乳がどんどんつくられるため、搾乳などで管理する必要がある。人間でも、お産のあと、約一年は母乳がつくられる。それを子どもに飲ませるなりのケアをしないと、乳腺炎になったりする。管理が悪いと、乳がんの原因にもなりかねない。人間と同じ生理がウシにもあるのだ。それをまかなうスタッフを国立大学は雇用できなくなり、だいぶ前から大動物が農場から消えているのである。全国の農学系大学あるいは学部は、似たような運命をたどっている。

つまり、農学部といえどもウマやウシなどの大動物が身近な存在ではなくなりつつある。そんななかでのウマの脳となると、手に入れることも難しいのである。やっぱり学生はのんきで、そんな台所事情を知るよしもない。しかし、教員も学生の興味がわくテーマを与えて、やる気を引き出させるのが仕事であるから、なんとかこの難しい状況を解決するべく、ウマの頭を入手するために知恵を働かせることになる。そのようなことから、研究室の学生部屋に足を運んではウマの頭に関する話が多くなる。そんななか、研究室の新米である三年のHくんなどは「センセイ、ウマとシカではどちらが馬鹿なの賢いの？」と、古事も知らない質問をする。もちろん、馬鹿という語源すら考えたこともない感じである。この手の学生に脳の研究をやらせたらたいへんなことになると、私はひそかに考えた。また、さきほど話したように、炭小屋と里の家を往復するウマの知能の高さを肌で感じて育っている私は、なおさら学生の軽率な言葉を容認できるわけもない。

さて、そんなこととは別に、もっと大事な問題がどんどん浮き上がってくるのである。脳となると、手に入れるハードルがさらに高くなるのである。なにせ、臓器のなかでは最も腐敗の進みが早い部位の一つである。また、豆腐よりやわらかい臓器である。ストローで吸えるやわらかさなのだ。新鮮さが重要なのである。いわば、組織レベルでは自己融解がはじまる前が望ましい。心臓や腎臓など、解剖しながら体から切り離す臓器ならと畜場の職人さんにホルマリン溶液をあらかじめ渡しておいて、「これに入れておいてください、あとで取りに行きますから」で済むが、そういうわけにはいかない。そもそも、脳はがっちりした頭蓋（とうがい）骨（こつ）に入っており、頭蓋骨から脳だけ簡単に取り出すことができないのである。そんな作業をお願いするわけにはいかない。

そんなことを考えていたある日、日本中央競馬会　競走馬総合研究所（総研）から電話があった。もとより競馬とは縁の薄い私であるが、総研が宇都宮市に移転するのでごあいさつと、研究のことで訪ねてくるとのことである。早々に、所長さんが直々においでになった。移転のごあいさつのあとに、地元国立大学との共同研究の取り組みを進めたいとのことである。なんと、渡りに船とはこのことかと、おもわず唾を呑みこんだ。さて、それから数カ月は経ったと思うが、総研が宇都宮市に移り、事業開始となったのである。再び、所長さんがお見えになったが、ズバリ書くと、ウマの脳の研究をお願いしたいとのことである。もちろん、研究費もつくことが前提である。当時は競馬も絶好調で、総研も潤沢(じゅんたく)な研究費をもっていた。日頃貧乏暮らしをしている地方国立大学の研究室にしてみれば、目が飛び出そうな金額が研究費として提示された。なんと、上げ膳据え膳の状態である。それだけに、たいへんなことにならなければよいがとおびえながらも、研究室ではウマの脳研究に着手である。もちろん、研究チームの旗頭はTさんである。

ある日、総研から電話がかかってきた。○月◎日×時からウマの解剖をするので、研究所に来てほしいとのこと。ついに、そのときがやってきた。とはいうものの、ウマの解剖は実は私も経験が浅く、学生時代に偶然馬術部のウマが事故で安楽死せざるを得ない状況のなか、ほぼ見学者に近い状態で参加しただけである。そんな心もとなさがあったが、そんなことは言っていられない。少なくとも、私は学生たちに自信ありげな顔をして、Tさん、当時は助教であったA先生、二人の学部生を引き連れて、宇都宮市砥上町にある総研(現在は下野市栃木支所に移転統合)の解剖室へ向かったのである。

総研のスタッフも準備よろしく、待機していたので、ひととおりごあいさつ。今日、解剖されるウマは、いくつか感染予防の薬理実験を終え、最終的に体内の各部位の組織を取り出し、病理検査を行う目的との説明があった。いよいよ、検体となるウマが牽引(けんいん)されてきた。さすが、総研である。当たり前だが、品格のあるサラブレット種である。ところが、これからがたいへんになった。不思議であるが、動物は自分の命に関わる状況を察することができるようだ（著者の独断）。解剖室に牽引しようしても後ずさりして、入ろうとしないのである。ウマなりに、建物の奥に感じる生命の危機を感じているようだ。床がコンクリートだから、いやがって後ずさりしようする蹄鉄のカチャカチャという音が耳になんとも切なく響くのと、前足を踏ん張りながら必死で入室を拒む姿を見るのが辛い。おもわず、Tさんの顔を見る。気丈を装っているようだが、涙がボロボロと頬を伝って落ちている。

一方、総研の研究者たちはたじろがない。ウマの扱いも慣れている。強引ともなだめすかしともいえる牽引で、なんとか処置室まで誘導した。麻酔をかけられたあとは、適正な対応のなか、ウマは解剖に付されたのである。さて、脳の解剖としてはこれからが本番である。ウマの頭部は体から切り離され、私たちのもとへ運ばれてきた。すでにTさんも涙は引き、真顔になっている。そう、命あるうちは心が動揺して当たり前だが、死んだものを見て躊躇(ちゅうちょ)していたら解剖学は成り立たない。死体が相手の商売である。解剖のために死んだ生き物の尊さは感じても、感情をいつまでも引きずってはいられない。むしろ、淡々と解明する目的に向かっていくのが、命をいただいた者の務めでもある。

という建前で、とにかく頭部を氷がいっぱいのクーラーボックスに入れ、大学まで運ぶ。氷が鮮血に染まり、やや残虐感をもつものの、とにかく一刻も早く脳出しである。そんなわけで大学に急ぐ。大学に着いて、いよいよ脳出しである。まずは、頭についている筋肉を丁寧に削ぎ落とし、頭蓋骨をあらわにすることからはじめる。そう、脳が頭にあるからといって卵の黄身を出すのとはわけがちがうのである。卵の殻が頭蓋骨なら、その殻にたどり着いて割る準備をするには皮膚を剥離して筋肉を削ぎ落とさないと、のこぎりや骨鉗子などをうまく使えないのである。

頭にもいろんな筋肉がついているが、噛むための咬筋、側頭筋、頭を持ち上げる頭長筋、額には前頭筋、耳を動かす耳介筋は一一種、などなどである。なにせ、動物は耳をよく動かすから、耳介筋の数も半端ではない。人間なら痕跡で三種あるだけだ。それらを丁寧に剥離して頭蓋を出す。いよいよ電動ノコのおでましである。「ガガッガー、キューンガガー」という音、強い摩擦で骨が焼けるにおい、宙に舞う骨の粉、皮も肉も削ぎ落とされたウマの顔が一体となり、研究室の学生も凍りついている。忙しく動き回るのは、TさんとA先生と私である。結構、頭蓋は硬い。かといって、あまり力を入れ電動ノコを深く入れると、脳を壊す危険がある。そのさじ加減は意外に難しい。特に、初めて解剖する動物においては、骨と脳の位置関係がわかっていないので、慎重に進めることが大事である。電動ノコで脳のギリギリのところまで切りこみを入れるのは、やはり教授の腕の見せ所である。少し押しながら電動ノコを骨に当てて切っていると、フッと軽くなる場所がある。そこが、骨と脳の境界で、硬膜のすぐ上、硬膜上腔である。そこでピタッと止めるのは、やはり腕である。そんな調子で頭蓋に切れ目を入れて、いくつかのブロックに分けるのである。そのブロックを骨鉗子でつかみ剥がすことを繰り返す。そして、やっと硬膜という脳を最も骨の近くで包む厚い膜にたどり着く。ここまで来れば、八合目。周辺の骨を手術用のノミやヤスリで砕いて削り、脳を取り出すための空間を広くしなければならない。結構な重労働で、汗びっしょりの作業である。硬膜に切れ目を入れ、剥がすよう広げると、半透明のクモ膜をとおしてしわがいっぱいの脳が目に入ってくるのである。やはり、なんとも神秘的な臓器である。周辺の小さな隙間からメスを入れ、脳を少し持ち上げ、脳から出ている脳神経を切断すると、脳は頭蓋から引き出すことができる。やっと取り出したウマの脳の重さはざっと五〇〇グラムである。ちなみに、人間の脳は約一三〇〇グラムである。

こうして、脳の採材が済むと思っていたら、そこには大きな誤算があった。研究の精度を上げるには、何例もウマの脳が必要である。そこで、総研の提供だけでは間に合わないことになった。結局、と畜場で馬肉になるウマのと殺に立ち会う必要が出たのである。これまた、壮絶な現場を見ることになる。肉用だから、薬物は使わない。かといって、できるだけ動物福祉にのっとってのこととはいえ、鉄の棒が飛び出る特殊な銃で頭蓋を射抜き失神させるのだから、素人には強烈なシーンである。ウマの解剖シーンに慣れたかと思っていたTさんも、この場ではスーッと倒れそうなくらい血の気がないのだ。ただ、同情はしていられない。ウマの解体にあわせて、邪魔にならないように迅速に頭部を体から切り離さなくてはいけない。迷惑をかけたら、あとがないのだ。Tさんに気合を入れ、職人さんの作業を遅らせないように首に解剖刀を入れた。まだ、脳挫傷(のうざしょう)による神経麻痺(まひ)でけいれんしていて、筋や四肢のつっぱりがあるウマの体を見ながら、体から頭を切り離すときの心境は経験者にしかわからない。こうした臨場感をもって初めてたいへんなことをしなければならないことに気がついたわけだが、いまさら中止するわけにはいかない。このようなことは何度も経験することであるが、つくづく思うのは「研究」という聞こえのいい言葉も、その舞台裏は修羅(しゅら)の繰り返しなのだ。

Crow（苦労）の末、カラスが全部死んじゃいました…

それは、七月の暑い日の出来事であった。私たちは、上野動物園で捕獲されたカラスを行動や学習実験に使うため、何度か生きた状態で運んでいた。このころはカラスの脳の大きさに魅了され、数がわかるのか、記憶力はどれだけ続くのかなど、カラスの賢さを調べるためにさまざまな行動実験を開始していた。だから、カラスを生かして上野動物園から宇都宮まで運ぶのは絶対に必要なことである。このカラスを運ぶ道中のたいへんさは、第一〇話で紹介したとおりである。そのときの苦いというか、くさいというか、たいへんな体験から運搬態勢も改善され、車の室内環境はだいぶよくなってきた。また、経験から準備するものもわかってきた。手術帽、マスク、手袋、白衣または作業着を用意し、車の内側には段ボールを貼りつけ、糞の飛沫が飛んでも大丈夫なような技術も身についた。車も私の新車ばかりでなく、大学の公用車を使う機会が多くなった。ただ、公用車は調査とかサンプル採材とかで不特定多数の教員が使うから余計に神経を使う。そもそも、公用車でカラスを運んでいることは知られたくないのである。いくら大学の教員が物好きというか変わり者が多くても、綿毛が舞ったり糞が染みついていたりしてカラスの気配がする車を好む人はいないだろう。それに、動物嫌いの教員だっている。正直、カラスを飼っている私も、食べ物が傷んだ酸っぱい感じと燻製の煙が混じったような独特のにおいが車のなかにただようのは好きではない。それどころか、あまり変なものを乗せるなとクレームでも出てきたら怖い。公用車が使えなくなったら、私の新車がカラスのお抱え車になってしまうのだ。もっとも、なにか気配を感じてもカラスと思いつく人はいないと思うが。いずれにしろ、どんな車であろうがカラスの気配が車につかない工夫をしなければならない。

さて、その運搬態勢も整い、動物園との往復にも慣れてきた。その日、私は大学の別の用事があったので、カラスの運搬はA准教授と中国からの留学生Sくんにお願いした。このころは、ついていく学生は指名制になっていた。最初のカラス運搬の過酷さが伝わり、もはや学生たちは動物園にただで入れるとしても、カラス運搬に参加しなくなった。だから、留学するくらい志が高くタフなSくんにお願いすることにした。A准教授もすでに何度か上野動物園からのカラス運搬は経験があるので問題はない。さらに、Sくんはずばぬけた狩猟のセンスがあり、鳥を捕まえるのがお得意である。彼なら立派なアシスタントになれる。逃げようとするカラスを捕まえるのはお手の物。そう、今回の運搬は研究室のベストメンバーなのである。なんの心配もいらない。出発前に、A准教授、Sくんとカラスの気配を車につけないように、車の内側にシートを貼る作業などを行う。準備万端、それでは出陣とばかり二人は上野動物園に向かった。

事件は、その道中で起こったのである。ところで、私は彼らと同行していないから道中の様子はわからない。だから、これからの話は事件の速報が入るまで、これまでに私が運搬したときの経験を踏まえた想像である。SくんとA准教授は相性がいいので、道中はたわいもない会話を楽しんでいたと思う。場合によっては、中国で鳥を捕まえるときのしかけなどを楽しそうに話していたのかもしれない。Sくんは鳥が好きで、中国でも小鳥を捕まえて飼育するのが趣味だったらしい。だからメジロなどを簡単に捕まえる。あるときも、鳥かごに捕まえたばかりのメジロを入れ、研究室に来た。「センセイ、これ捕まえました!」とのこと。彼は、日本では許可なく野鳥を捕獲することや飼育してはいけないことなど知るよしもない。

獲物を見せてご機嫌である。もちろん、メジロは私の説得で自由の身となった。こんなSくんだから、A准教授とは鳥の捕まえ方など楽しく話したであろうことは想像にかたくない。A准教授も動物行動学が専門なだけに、Sくんの捕物帳（とりものちょう）話には興味津々かもしれない。送り出してからは、私は二人の安全を願うとともに道中の様子を思い描いていた。

さて、話は彼らの帰り道になる。いつもどおり、罠でカラスを追い回し首尾よくネットで捕まえ、運搬用の檻（おり）に押しこみ、帰路に着いたことだろう。もはや綿毛が飛んでも、マスクやら手術帽やらで完全武装だからなんら心配ないはず。さらに、少し前の運搬からカラスを入れる檻をさらに目の細かいネットで覆うようにしている。多くの綿毛はそのネットに引っかかり、車中には出てこないしくみである。カラスは、あいかわらず「ギャギャ」「コツコツ」「バサバサ」とうるさかったかと思うが、すでに何度か経験して慣れている。こうした工夫もあり、高速道路をノンストップで大学に戻るという無理をする必要がなくなった。私も二度目からは、カラスの気配が充満した環境から逃れたいばかりに、トイレタイムとうがい以外はひたすらノンストップで帰還した一回目とはちがい、二回ほどサービスエリアに立ち寄り休憩をとるのを常とする余裕があった。サービスエリアでは学生とアイスを食べ、トイレタイムをとるのである。ただで動物園に行けるといえどもそれなりに苦労があるので、アイスは学生へのサービスである。そしてサービスエリアではそのつど、後部ドアを開けて空気の入れ替えを行い、カラスの状態を確認することは怠れない。もちろん、後部ドアを開けたとたん車のなかで「ギャギャ」と騒ぐカラスを見られたらあやしい一行と思われること間違いなしだから、後部ドアを開く際は人目を気にする。いずれにせよ、「ギャギャ」と騒いでいれば安心である。人間の子どももそうだが、おとなしいよりは騒いでいるほうが安心である。静かなときは体の具合がよくないか、なにか悪いことをしているときなのである。人間を含め、生き物の基本はこんなところである。

おそらくA准教授たちもこんな感じで、騒いでいるから大丈夫と判断し大学に向かっていただろうが、現実には想定外のことが起こっていたのである。

以下、しばらくは大学に到着後のA准教授の後日談をもとに記載する。まず、羽生パーキングエリアでは「ギャギャ」と賑(にぎ)やかで安心して休憩をしたらしいが、ひと休みして運転再開して間もないころから、なにやらカラスが静かになったようである。静かになったことに、二人はむしろ騒音から解放されて快適さを感じていたとのこと。ところが、野生の感覚が豊かなSくん、カラスの異変に気がついたのである。不安を感じたSくんが後部座席を倒し、おそるおそる檻を覆っていたネットをまくってみると、すでに数羽のカラスが横たわっていたのである。「カラスの車酔いかもしれない！」とA准教授。実は、A准教授はヤギの車酔いの研究をしているのである。家畜の車酔いの研究は珍しいが、その第一人者なのだ。確認すべく、次の佐野サービスエリアでカラスの健康確認。やはり、半分くらいのカラスはぐったりし虫の息に近い状態だが、おう吐の痕跡はない。そもそも、三次元的に自由奔放に飛び回っているカラスである。簡単に車酔いなどするわけがない。比喩（ひゆ）が正しいかどうか自信はないが、イメージとしてはアクロバット飛行士が車酔いをするようなものだ。そう考えればなにやらただごとではないと判断し、急ぎ研究室に連絡することにしたようだ。

舞台はA准教授との会話に移る。A准教授から、「センセイ、今、佐野サービスエリアですが、カラスがぐったりしています！」との電話が入る。それを聞くやいなや経験豊かな私は、ピンときたことがある。熱中症である。今日は、特に日差しが強い。気温は三七℃である。鳥は熱に弱いのだ。最初の休憩でエンジンを切っていた時間はわからないが、エンジンを切っていてエアコンなしだとカラスたちにはきついはず。さらに、思えば前々回から、綿毛が飛ばないように檻をスッポリ覆う目の細かいネットで囲っているので、その分通気性もよくない可能性がある。とにかく「おそらく熱中症だと思う」と言い、エアコンを強め、早く帰ってくるように指示を出す。彼らは事の重大さを認識し、「了解です、急ぎます！」と

言って電話を切った。これはたいへんなことになったと思ったが、少なくとも半分くらいは元気にたどり着き活躍してもらわねばと希望をもって帰還を待った。待てば時間は長く感じるものだが、それから一時間後、カラス飼育室前に着いたとの連絡がA准教授から研究室に入ったので、気をもみながら到着現場へと急ぐ。目に入ったのは、なんとなく疲れ切った顔のA准教授とSくん。どちらからともなく、曰く「センセイ！　カラスが全部死んじゃいました……」であった。見ると、車の後部の檻には一〇羽のカラスが横たわっている。もはや「ギャ」とも「カァ」とも鳴かない。全身が黒いだけに、死という状況の受け入れがわれながら早い。まさしく、熱中症である。

鳥類は体温が高い。代謝の効率を上げるため、閾値（いきち）ギリギリまで体温を高く保っている。ニワトリなら四一℃くらいある。カラスはさらに高く、四二℃である。普通の状態で体温がマックスになっている。したがって、高温に対する閾値がせまいというか許容がないのだ。

残念な結果にはなったものの、そこは解剖を中心とした研究室である。死体も使い方次第では十分科学に生かすことができるのだ。見れば死後硬直にも至っていない。研究室でおもいおもいの仕事をしている連中が五〜六人はいたはず。大急ぎで彼らに連絡し、解剖の準備を指示する。A准教授とSくんに「解剖しよう！」と声かけをして、三人で一〇羽のカラスを解剖室に運んだ。みな、さあやるぞという雰囲気で待機していたので、順調に作業は進んだ。

まだ新鮮なカラスの死体であるから脳や鳴管（めいかん）など研究進行中の器官を採取し、カラスの死を無駄にしなかった。わが研究室は、動物が生きていても、死んでいても研究対象にできるという強みがあるのだ。死肉にむらがるハイエナよりも無駄なく、屍（しかばね）をものにする。

著者
杉田昭栄（すぎた しょうえい）
1952年岩手県生まれ。宇都宮大学農学部畜産学科卒業。千葉大学大学院医学研究科博士課程修了。宇都宮大学教授を経て名誉教授、医学博士、農学博士。専門は動物形態学、神経解剖学。
ふとしたきっかけではじめたカラスの脳研究からカラスにのめりこみ、現在は「カラス博士」とよばれている。
主な著書に『カラス学のすすめ』（緑書房）、『カラスとかしこく付き合う法』（草思社）、『カラス おもしろ生態とかしこい防ぎ方 』（農山漁村文化協会）、『カラス なぜ遊ぶ 』（集英社）、『道具を使うカラスの物語　生物界随一の頭脳をもつ鳥 カレドニアガラス』（監訳、緑書房）など。

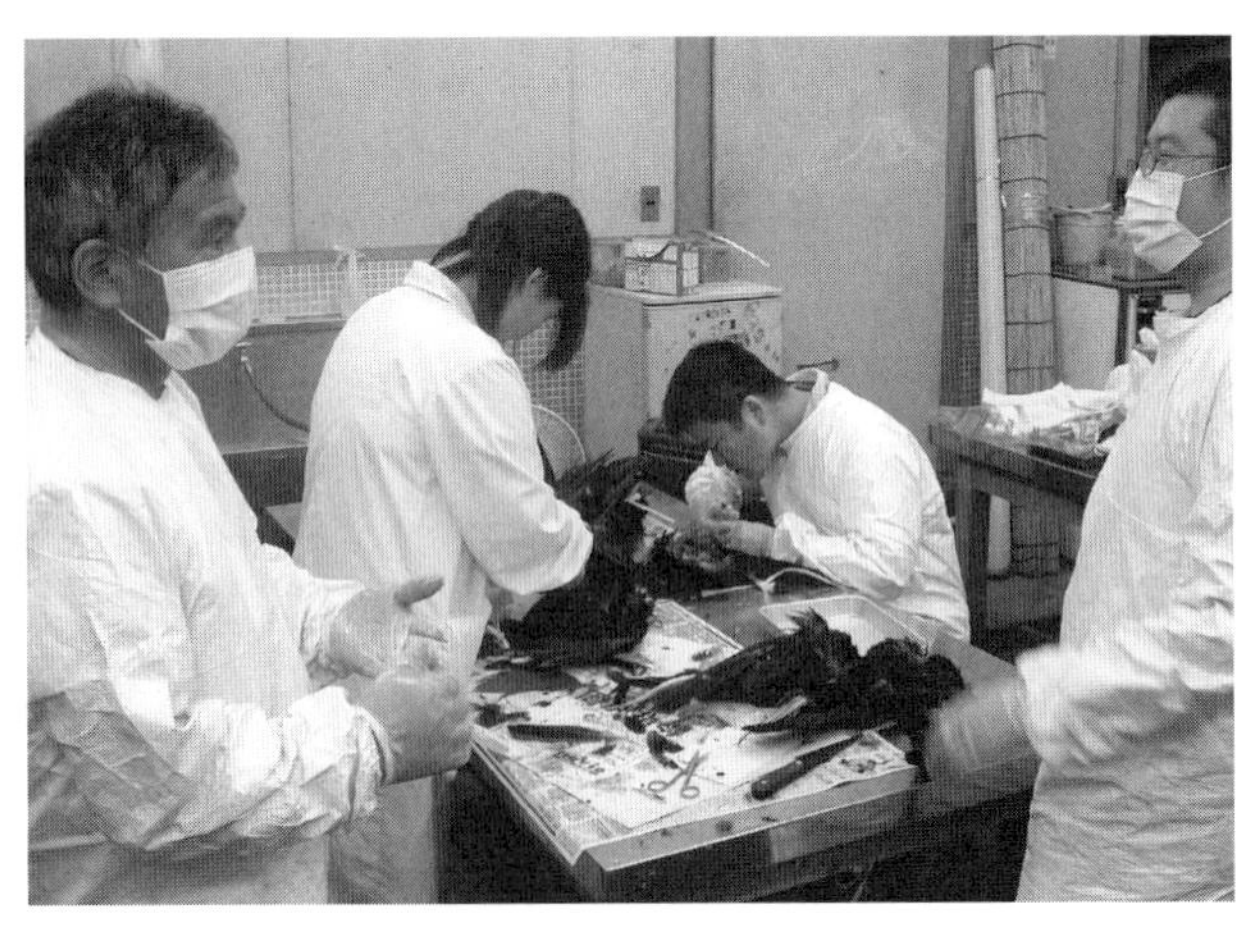

著者（左）

カラス博士と学生たちの どうぶつ研究奮闘記

2019年3月20日　第1刷発行

著　者……………………杉田昭栄

発行者……………………森田　猛

発行所……………………株式会社 緑書房

〒103-0004
東京都中央区東日本橋3丁目4番14号
TEL　03-6833-0560
http://www.pet-honpo.com

編集……………………川西　諒、池田俊之

カバーデザイン……………メルシング

印刷所……………………アイワード

ISBN 978-4-89531-369-8　Printed in Japan

緑書房 発行

カラス学のすすめ

著 杉田昭栄

カラスに魅入られ20年
日本屈指のカラス博士が
徹底的に追究したカラス研究の集大成

B6判　344頁
ISBN978-4-89531-332-2
定価：本体1,800円（税別）

—内容—

- **カラスに関する一般常識**…日々の暮らしと年間スケジュール、食事、寿命など、カラスを語るうえで欠かせない基本的な情報を整理
- **カラスのからだ**…からだの構造とすぐれた身体能力、鳴き声の意味や、カラス同士の鳴き声によるコミュニケーションについて解説。また、見る、聞く、味わう、嗅ぐ、感じるといった、カラスの鋭敏な五感についても言及
- **カラスの知的能力の凄さ**…人間の顔を見分ける識別能力、一年は記憶を保つことができる記憶力など、カラスの驚くべき知的能力について紹介
- **カラスと人間のこれまで**…世界各地の神話・伝承・物語などに出てくるカラスについて紹介。生物学的知見だけでなく、民族学的見地からもカラスを考察
- **カラスと人間の共生**…実際にカラスが起こした事件などの実例をあげつつ、カラスとつきあっていくうえでの問題点とその改善方法について提案